AF302031

Matthias Wirtz

Flexible Tarife in elektronischen Fahrgeldmanagementsystemen und ihre Wirkung auf das Mobilitätsverhalten

**Schriftenreihe des Instituts für Verkehrswesen
Band 71**

Herausgeber: Prof. Dr.-Ing. Peter Vortisch

Eine Übersicht über alle bisher in dieser Schriftenreihe
erschienenen Bände finden Sie am Ende des Buchs.

Flexible Tarife in elektronischen Fahrgeldmanagementsystemen und ihre Wirkung auf das Mobilitätsverhalten

von
Matthias Wirtz

Dissertation, Karlsruher Institut für Technologie (KIT)
Fakultät für Bauingenieur-, Geo- und Umweltwissenschaften, 2013
Tag der mündlichen Prüfung: 08. November 2013
Hauptreferent: Prof. Dr.-Ing. Peter Vortisch
Korreferent: Prof. Dr.-Ing. Carsten Sommer

Impressum

Karlsruher Institut für Technologie (KIT)
KIT Scientific Publishing
Straße am Forum 2
D-76131 Karlsruhe

KIT Scientific Publishing is a registered trademark of Karlsruhe
Institute of Technology. Reprint using the book cover is not allowed.

www.ksp.kit.edu

Print on Demand 2014

ISSN 0341-5503
ISBN 978-3-7315-0206-7
DOI 10.5445/KSP/1000040412

**Flexible Tarife in elektronischen Fahrgeldmanagementsystemen
und ihre Wirkung auf das Mobilitätsverhalten**

Zur Erlangung des akademischen Grades eines

DOKTOR-INGENIEURS

von der Fakultät für

Bauingenieur-, Geo- und Umweltwissenschaften

des Karlsruher Instituts für Technologie (KIT) – Campus Süd

genehmigte

DISSERTATION

von

Dipl.-Ing. Matthias Wirtz

aus Krefeld

Hauptreferent: Prof. Dr.-Ing. Peter Vortisch

Nebenreferent: Prof. Dr.-Ing. Carsten Sommer

Karlsruhe 2013

**Flexible Tarife in elektronischen Fahrgeldmanagementsystemen
und ihre Wirkung auf das Mobilitätsverhalten**
170 Seiten, 17 Abbildungen, 23 Tabellen

Der öffentliche Verkehr konnte durch die vermehrte Anwendung von
Informations- und Telematiksystemen seit den 1980er Jahren eine deutliche Attraktivitätssteigerung in Deutschland vollziehen. Ähnlich große Veränderungen zeichnen sich durch elektronische Verfahren im Bereich der
Nutzungsentgelte ab. Wurden früher konventionelle Verfahren eingesetzt,
wie der Ausdruck von Fahrtberechtigungen auf Papier durch Verkaufsautomaten oder die Bezahlung mit Bargeld, so wird heute auf elektronische
Verfahren gesetzt, dem elektronischen Fahrgeldmanagement (EFM). Sie
vereinfachen u. a. den Zugang zu öffentlichen Verkehren durch die automatische Erfassung der in Anspruch genommenen Leistung und erhöhen die
Möglichkeiten in der Tarifgestaltung.

Flexible Tarife nutzen diese erweiterten Möglichkeiten der Preisdifferenzierung bei der Tarifgestaltung. Ausgehend von einer allgemeinen Betrachtung der verschiedenen Implementierungsformen von Preisdifferenzierungen werden die bisherigen Ausprägungen der Preisdifferenzierung im öffentlichen Verkehr analysiert und den erweiterten Möglichkeiten flexiblerer
Tarife in EFM-Systemen gegenübergestellt.

Mit Hilfe einer persönlichen Befragung werden die Wirkungen flexibler
Tarife auf den Fahrgast untersucht. Dabei wird zunächst das Phänomen
der Affinität zu Festpreisen, dem Flatrate-Bias, erklärt. Wie aus anderen
Dienstleistungsbereichen bekannt, tendieren Menschen eher zu einem Tarif mit festem Preis als zu einem nutzungsabhängigem Tarif, der den Preis
in Abhängigkeit zur in Anspruch genommenen Leistung kalkuliert. Auch
wenn dies rein ökonomischen Gründen widerspricht. Ein Erklärungskonstrukt des Flatrate-Bias wird aufgestellt und die Einflussgrößen quantifiziert. Es zeigt sich, dass die Affinität zu Festpreisen hauptsächlich durch
einen Versicherungseffekt und einen Bequemlichkeitseffekt erklärt werden
können.

In einer Conjoint-Analyse werden Präferenzen für verschiedene Implementierungsformen der Preisdifferenzierung analysiert und der Einfluss auf

die Verkehrsmittelwahl quantifiziert. Dabei werden die betrachteten Preisdifferenzierungsmöglichkeiten in der Befragung zusammenhängend in Tarifen dargestellt, um den Auswahlprozess eines Fahrgastes in der Realität möglichst genau abzubilden. In der Analyse hingegen kann die Bedeutung der einzelnen Implementierungsformen getrennt betrachtet werden.

Abschließend werden die Ergebnisse auf eine Modellregion übertragen und die Folgen der veränderten Verkehrsmittelwahl aufgrund flexibler Tarife auf die Verkehrssysteme untersucht. Es ergeben sich Verschiebungen zum öffentlichen Verkehr, unabhängig vom bisher genutzten Verkehrsmittel, dem Fahrtzweck, allerdings in Abhängigkeit von der aktuellen Nutzungshäufigkeit öffentlicher Verkehre.

Flexible tariffs in automatic fare collection systems and their influence on the mobility behavior

170 pages, 17 figures, 23 tables

Since the 1990's new information and telematic systems in public transportation have increased the user experience and helped to increase ridership in Germany. Similar impacts are expected from electronic systems for fare collection. Previously conventional systems like paper based tickets were used and the payment of tickets using cash was commonly accepted. Automatic fare collection systems (AFC) simplify the access to the public transportation system by automatically recording the distance traveled and pricing for the consumed service. In Addition they increase the options for tariff arrangements.

Flexible tariffs make use of these options of price discrimination when arranging tariffs. The various types of price discrimination are exposed in general first. Based on this discussion the types of price discrimination used so far in public transportation systems are compared with the additional options generated by the use of new and flexible tariffs.

The influences of flexible tariffs on the public transportation user is analyzed by conducting personal interviews. One goal hereby is to explain and quantify the flat rate bias. As already known from other types of services persons tend to prefer tariffs with a fixed price called flat rates. Tariffs which offer a price that depends on the amount of consumption are opposed even if they would result in lower total costs. A construct measuring the flat rate bias is compiled. It shows that the main effects causing the flat rate bias are related to an insurance and convenience effect.

Using a Conjoint analysis the preferences towards the different types of price discrimination are evaluated and the influences on the mode choice are quantified. The different types of price discrimination are thereby presented jointly so that only complete tariffs are evaluated in order to emulate the decision process as it is experienced by the user in reality. For analysis purposes the influence of the price discrimination types are considered separately.

The work is finalized by transferring the results to a test region. The effects of flexible tariffs on the mode choice are applied and the outcome on the transport system analyzed. Results show that shifts towards the use of public transportation are independent of the mode used before and independent of the trip purpose but they are correlated to the original usage level of public transportation.

Vorwort

Diese Dissertation entstand während meiner Zeit als wissenschaftlicher Mitarbeiter des Instituts für Verkehrswesen am Karlsruher Institut für Technologie (KIT). Mit dem Thema elektronisches Fahrgeldmanagement kam ich zum ersten mal intensiv im Projekt A Knowledge Base for Intermodal Passenger Travel in Europe (KITE) in Berührung. Hieraus entwickelte sich die Erkenntnis, dass die vielfach beschriebene Wirkung flexibler Tarife in elektronischen Fahrgeldmanagementsystemen bisher nur durch rudimentäre wissenschaftliche Betrachtungen unterstützt wurden. Durch die erfolgreiche Aufstellung eines auf diese Fragestellung abgestimmten DFG Forschungsvorhabens konnte diesem Thema nachgegangen werden.

Die Ergebnisse dieser Forschungsarbeit und die Ergebnisse parallel laufender studentischer Abschlussarbeiten flossen in diese Dissertation ein. Alle Ergebnisse wurden von mir sorgfältig aufbereitet und geprüft. Sollten sich doch noch Fehler in der Arbeit befinden, sind sie auf meine Unachtsamkeit zurückzuführen.

Während der mehrjährigen Arbeit an diesem Thema durchlief ich selbstverständlich einige Höhen und Tiefen. Dass es mehr Höhen als Tiefen wurden und die Arbeit mit diesem Buch erfolgreich abgeschlossen werden konnte, verdanke ich einer Vielzahl an Personen. Allen voran möchte ich meinen Betreuern der Arbeit danken: Herrn Prof. Dr.-Ing. Peter Vortisch und Herrn Prof. Dr.-Ing. Carsten Sommer. Sie haben die Bearbeitung immer mit viel Interesse verfolgt, wesentliche Impulse geliefert und mich in meiner Arbeit stets bestärkt.

Ein weiterer Dank geht an die Kolleginnen und Kollegen und die wissenschaftlichen Hilfskräfte des Instituts und dem Institut nahestehenden Einrichtungen. Sie waren immer für eine Diskussion zu haben, nie für einen guten Rat zu schade und wesentlicher Grund für die hervorragenden Arbeitsbedingungen am Institut.

Ein herzlicher Dank geht an meine Familie und Freunde. Vor allem meiner Schwester Veronika bin ich zu Dank verpflichtet. Als promovierte Pharmazeutin ist sie zwar völlig fachfremd, dennoch konnte sie meine Konzentration in jeder Phase der Arbeit wieder auf die wichtigen Fragestellungen lenken. Ein ebensolcher Dank geht an meine Freundin Cathrin, die mich mit Liebe, Verständnis und Geduld unterstützt hat.

Inhaltsverzeichnis

Abbildungsverzeichnis

Tabellenverzeichnis

1. Einleitung

Der öffentliche Verkehr konnte durch die vermehrte Anwendung von Informations- und Telematiksystemen seit den 1980er Jahren eine deutliche Attraktivitätssteigerung erreichen. Besonders die Bereiche der Angebotsplanung und -durchführung haben sich fundamental verbessert. Ähnlich große Veränderungen zeichnen sich im Bereich der Nutzungsentgelte ab. Wurden früher konventionelle Verfahren eingesetzt, wie der Ausdruck von Fahrtberechtigungen auf Papier durch Verkaufsautomaten oder die bare Bezahlung des Entgelts beim Fahrpersonal, so wird heute auf elektronische Verfahren gesetzt.

Elektronische Verfahren im Bereich der Nutzungsentgelte werden als elektronische Fahrgeldmanagementsysteme (EFM) bezeichnet. Sie umfassen alle Systeme und Geschäftsprozesse, die den Vertrieb und die Benutzung von Verkehrsdienstleistungen im öffentlichen Verkehr unter Einsatz elektronischer Medien und Verfahren abwickeln. EFM-Systeme wirken sich somit in vielfältiger Weise bei der Nutzung öffentlicher Verkehrsmittel aus.

So ermöglichen EFM-Systeme die automatische Erfassung der vom Nutzer in Anspruch genommenen Leistung. Dadurch entfällt der Zwang für den Nutzer, vor Fahrtbeginn einen für seine Zwecke passenden Fahrausweis zu erwerben. Der Zugang zu öffentlichen Verkehrsmitteln wird somit wesentlich erleichtert.

Ebenso erweiterten sich die Möglichkeiten in der Gestaltung von Tarifen. Bei herkömmlichen Tarifen spielt die Einfachheit und Transparenz für den Nutzer eine wesentliche Rolle. Aus diesem Grund haben sich z. B. in den meisten Tarifen in Deutschland Flächenzonen zur Messung der in Anspruch genommenen Leistung etabliert. Sie stellen einen geeigneten Kompromiss zwischen Nutzungsabhängigkeit und Praktikabilität dar. Diese Art der Abwägung ist in EFM-Systemen in vielerlei Hinsicht nicht notwendig, da die in Anspruch genommene Leistung automatisch aufgezeichnet wird. Somit kann eine Pauschalierung durch Flächenzonen entfallen und Preissprünge an Zonengrenzen vermieden werden.

In Deutschland sind erste EFM-Systeme im Einsatz und bei ihrer Planung werden häufig auch ihre Vorteile in der flexiblen Tarifgestaltung herausgestellt. Bisher wurden aber die etablierten Tarife nach der EFM-Systemeinführung meist beibehalten und die sich ergebenden Möglichkeiten flexibler Tarife nicht genutzt.

1.1. Forschungsbedarf und Zielsetzung

Flexible Tarife in EFM-Systemen sind vielfach Gegenstand wissenschaftlicher Untersuchungen gewesen. Dabei sind verschiedene Vorgehensweisen zu unterscheiden. Zum einen wurden die erweiterten Möglichkeiten bei der Tarifgestaltung untersucht. Hierbei wurden meistens mit Hilfe von Befragungen einzelne Aspekte der Tarifgestaltung herausgegriffen und qualitativ bewertet (GfK Group, 2003). Da Tarife nicht in ihrer Gesamtheit dargestellt wurden, ist die Wechselwirkung der Aspekte unbekannt und eine Abwägung von Vor- und Nachteilen findet beim Befragten nicht statt.

Zum anderen wurde in Untersuchungen ein Tarif formuliert und die Auswirkungen dieses Tarifs auf das Verhalten betrachtet (Chiptarif (TE-WET, 2000), intermobil Region Dresden (Gründel, 2002), FlexAbo Münster (Quast u. a., 2012)). Dieses Vorgehen ermöglicht immer nur die Wirkung eines speziellen Tarifs zu untersuchen. Welche Wirkung von den einzelnen Gestaltungselementen eines Tarifs ausgeht oder durch Anpassungen hervorgerufen werden, kann nicht quantifiziert werden.

In dieser Arbeit soll ein Bindeglied zwischen beiden Vorgehensweisen geschaffen werden und die Wirkung verschiedener Gestaltungselemente flexibler Tarife quantifiziert werden. Somit sollen wesentliche Einflussfaktoren auf die Bewertung von flexiblen Tarifen durch die Nutzer identifiziert werden. Des Weiteren soll in dieser Arbeit analysiert werden, inwieweit flexible Tarife Veränderungen im Mobilitätsverhalten der Menschen bewirken können. Der durch EFM-Systeme vereinfachte Zugang zum öffentlichen Verkehr sollte sich auch im Mobilitätsverhalten niederschlagen.

Dabei stehen die Vorstellungen der Nutzer und Dienstleistungsanbieter an ein für sie präferiertes Tarifsystem im Vordergrund und weniger die Frage, wie dieses technisch umzusetzen ist. Ebenso werden über den eigentlichen Tarif hinausgehende Wirkungen von EFM-Systemen nicht betrachtet. Hierunter sind Wirkungen aus Kundenbindungsprogrammen gemeint, Wirkungen aufgrund der reduzierten Anforderungen an das Bargeldmanagement oder Wirkungen auf die Sicherheit der Einnahmen durch einen erhöhten Aufwand bei der Fälschung von Fahrausweisen.

Die gewonnenen Erkenntnisse sollen helfen, strategische Defizite bei der Einführung von EFM-Systemen mit flexiblen Tarifen zu verhindern.

1.2. Gliederung

Die Arbeit gliedert sich in zwei große Themenbereiche. Der erste Themenbereich umfasst die Kapitel 2 und 3. Die Funktionsweise von EFM-Systemen, ihre Klassifikation und typische Implementierungen werden in Kapitel 2 ausgeführt. Die Darstellungen konzentrieren sich auf die Systemkomponenten mit Schnittstellen zum Nutzer. In Kapitel 3 werden die Grundlagen der Preisdifferenzierung von Dienstleistungen dargestellt. Neben einer allgemeingültigen Beschreibung wird insbesondere der Dienstleistungsbereich des öffentlichen Nahverkehrs betrachtet. Hierzu werden verschiedene Implementierungsformen von Preisdifferenzierungen beschrieben und somit die theoretische Grundlage für die Darstellung der Tarifgestaltung in den folgenden Kapiteln gelegt. Ausgehend von dieser grundsätzlichen Betrachtung wird die Übertragbarkeit auf den Sektor des öffentlichen Verkehrs diskutiert.

Der zweite Themenbereich umfasst die Kapitel 4 und 5. In Kapitel 4 wird ein Messmodell vorgestellt, mit dessen Hilfe die Wirkung einzelner Gestaltungselemente flexibler Tarife quantifiziert werden kann. Die angewandten empirischen Methoden werden dargestellt und die Modelle zur Analyse der Wirkungsmessung erläutert. Des Weiteren werden Verhaltensänderungen in der Verkehrsmittelwahl aufgrund flexibler Tarife analysiert. In Kapitel 5 werden die beobachteten Verhaltensänderungen auf ein Modellgebiet übertragen, um die Auswirkungen, die sich durch die Anwendung von flexiblen Tarifen für die Verkehrssysteme ergeben, abschätzen zu können.

Im abschließenden Kapitel 6 erfolgt eine Synthese der Ergebnisse. Es werden Implikationen für die Einführung von flexiblen Tarifen diskutiert und weiterer Forschungsbedarf abgeleitet.

2. EFM-Systeme

Unter Elektronischem Fahrgeldmanagementsystem (EFM-System) werden alle Systeme und Geschäftsprozesse, die den Vertrieb und die Benutzung von Verkehrsdienstleistungen unter Einsatz elektronischer Medien und Verfahren abwickeln, subsumiert. Im englischsprachigen Raum hat sich für diese Systeme die Bezeichnung Automatic Fare Collection System (AFC-System) durchgesetzt. Diese technische Definition ist weit gefasst und lässt Raum für die vielen Varianten, wie sie bei heutigen EFM-Systemen anzutreffen sind.

Der Nutzungsbereich von EFM-Systemen erstreckt sich dabei über alle Verkehrsdienstleistungen: Straßen-, Schienen-, Luft- und Schiffsverkehr. Im Fokus dieser Arbeit stehen Nahverkehrsdienstleistungen im Straßen- und Schienenverkehr.

Als Keimzelle von EFM-Systemen kann das von Cubic Coperation hergestellte System der Bay Area Rapid Transit System (BART) angesehen werden, das im Jahre 1982 eine Magnetstreifenkarten als elektronischen Fahrausweis einsetzte (Buneman, 1984). Seit dieser Zeit wurden EFM-Systeme weiterentwickelt und sind in den Verkehrssystemen der großen Metropolen weit verbreitet. Mit der Inbetriebnahme des OV-Chipkaart Systems in den Niederlanden wurde im Jahr 2011 zum ersten Mal ein EFM-System landesweit eingesetzt und damit alle anderen Bezahlsysteme im Nahverkehr ersetzt (Janssen, 2008).

Aufgrund der unterschiedlichen Entstehungsgeschichten der ersten EFM-Systeme und den Bemühungen, den für die Nutzer besonders augenfälligen Systembestandteile der elektronischen Fahrtberechtigung auch in der Namensgebung hervorzuheben, haben sich sehr unterschiedliche Bezeichnungen etabliert. Im deutschsprachigen Raum werden Bezeichnungen wie "Elektronisches Ticket" (Philipp, 2001), "eTicket" (Janssen, 2009) oder "HandyTicket" (Verband Deutscher Verkehrsunternehmen (VDV), 2008) verwendet. Im englischsprachigen Raum sind Bezeichnungen wie "eTicketing" (Röhrich, 2008) oder "Mobile Ticketing" (Olenius, 2008) üblich. Trotz ihrer sehr unterschiedlichen Ausprägung zählen all diese Systeme in der Regel zu EFM-Systemen.

Im Folgenden wird zunächst die technische Funktionsweise von EFM-Systemen, wie sie in der Regel in Deutschland Anwendung finden, erörtert. Der Schwerpunkt wird dabei auf die Systemteile gelegt, die entweder im direkten Kundenkontakt stehen oder die für den Kunden deutlich präsent sind. Anschließend werden die weltweiten Implementierungsformen von EFM-Systemen beleuchtet.

2.1. Funktionsweise

Die für den Kunden offensichtlichen Bestandteile eines EFM-Systems sind:

- Nutzermedium und Interaktionsverfahren

- Abrechnungsverfahren

- Bezahlverfahren

Mit Hilfe des vom Fahrgast mitgeführten Nutzermediums wird die in Anspruch genommene Beförderungsleistung ermittelt. Die hierfür zur Anwendung kommenden Verfahren werden als Interaktionsverfahren bezeichnet. Die in Form von durchgeführten Fahrten digital aufgezeichnete Beförderungsleistung dient zur Bestimmung des Nutzungsentgelts. Dies erfolgt anhand des Tarifs und wird als Abrechnunsgverfahren bezeichnet. Mit Hilfe der Bezahlverfahren kann der Fahrgast das Nutzungsentgelt begleichen.

Die Interaktionen zwischen den genannten Verfahren können vielfältig sein und die chronologische Reihenfolge variieren. Im Folgenden werden die Verfahren vereinfacht dargestellt. Für weitergehende technische Spezifikationen von EFM-Systemen insgesamt sei auf Iwuagwu (2009) verweisen. Detaillierte Spezifikationen wichtiger europäischer Standardisierungen können den folgenden Quellen entnommen werden:

- CIPURSE (OSPT Alliance, 2013)

- VDV-Kernappliaktion (VDV-Kernapplikation, 2013)

- CALYPSO (Calypso Networks Association (CNA), 2013)

- ITSO (ITSO Limited, 2013)

2.1.1. Nutzermedium

Das Nutzermedium ist ein zentraler Bestandteil von EFM-Systemen. Es ist die elektronische Plattform die von den Kunden genutzt wird, um elektronische Fahrtberechtigungen oder Fahrausweise zu speichern. Der Begriff Nutzermedium ist generell gehalten und es werden in Zukunft weitere Medien hinzukommen. Die heutzutage am häufigsten anzutreffenden Medien sind:

Smartcard Sie werden heute meistens als kontaktlose Chipkarte im ID-1 Format hergestellt und nutzen zur Kommunikation die RFID (Radio Frequency Identifikation) Technologie (Finkenzeller, 2008). Dazu wird vom Lesegerät ein elektrisches Feld gebildet, welches vom Transponder mit Hilfe einer internen Antenne als Stromquelle genutzt werden kann. Dieses Feld dient weiter als Trägersignal für ein durch das Lesegerät oder den Transponder aufmoduliertes Signal zum Datenaustausch. Je nach Typ der Chipkarte kommt dabei entweder ein elektrisches oder ein magnetisches Feld zum Einsatz.

Smartcards sind äußerst robust gegen Umwelteinflüsse. Sie sind staub- und wasserdicht und können in einem weiten Temperaturbereich eingesetzt werden Ebner (2008). Es können mehrere Anwendungsfälle auf einer Smartcard integriert werden, so dass die Smartcard eines EFM-Systems auch gleichzeitig Zugangskarte für ein Carsharing System ist. Smartcards besitzen in der Regel keine Schnittstelle zum Benutzer und somit können Informationen nur über Benutzerendgeräte (Terminals) ausgetauscht werden.

Aufgrund des geringen Preises werden Smartcards häufig vom Dienstleistungsanbieter beschafft und den Nutzern kostenfrei zur Verfügung gestellt. Smartcards sind das weltweit verbreitetste Nutzermedium.

Mobiltelefon Mobiltelefone besitzen eine Schnittstelle zum Benutzer und können somit direkt Informationen austauschen. Sie sind in der Regel mit einer Vielzahl von verschiedenen Kommunikationssystemen ausgestattet. Neben Systemen wie GSM (Global System for Mobile Communications), UMTS (Universal Mobile Telecommunications System) oder LTE (long-term evolution) für die Kommunikation über weite Entfernungen sind sie auch mit Systemen wie Bluetooth, NFC (Near Field Communication) oder WLAN (wireless LAN) für die Kommunikation über kurze Entfernungen ausgestattet.

Mobiltelefone sind weit weniger robust gegen Umwelteinflüssen als Smartcards. Sie müssen vom Nutzer selbst zur Verfügung gestellt werden. Auch erfolgen softwaretechnische Anpassungen wie das Installieren und Konfigurieren von Anwendungen durch den Nutzer selbst, auf welche der Dienstleistungsanbieter nur bedingt Einfluss nehmen kann.

Die obige Klassifizierung des Nutzermediums beruht auf objektiven Eigenschaften, sie lässt keinen Rückschluss auf die eingesetzte Kommunikationstechnologie oder das eingesetzte Kommunikationsprotokoll zu. Des weiteren können auch verschiedene Kundenmedien gleichzeitig in einem EFM-System zur Anwendung kommen.

Die Verfügbarkeit des Nutzermediums stellt eine Voraussetzung für die Nutzung des ÖPVs dar. Während in herkömmlichen Bezahlsystemen der Papierfahrschein als Nutzermedium diente und immer inklusive Leistung beim Erwerb einer Fahrtberechtigung war, gilt dies nicht zwangsweise für das Nutzermedium bei EFM-Systemen. Dies ist insbesondere der Fall, wenn das Mobiltelefon des Kunden als Medium eingesetzt wird und vom Kunden selber erworben werden muss. Aber auch andere Kundenmedien könnten vom Kunden selber gekauft werden müssen. In diesen Fällen tritt die Frage auf, ob der Zugang zu Leistungen des ÖPVs diskriminierungsfrei ist.

2.1.2. Interaktionsverfahren

Wesentliche Voraussetzung für flexible Tarife ist die elektronische Erfassung der durchgeführten Fahrten. Die vom Fahrgast in Anspruch genommene Beförderungsleistung ist in allen für den Tarif relevanten Eigenschaften festzustellen. Die hierzu eingesetzten Verfahren und Methoden werden als Interaktionsverfahren bezeichnet (Gründel, 2006). Neben der rein technischen Spezifikation dieser Schnittstelle beinhaltet der Begriff der Interaktion auch alle notwendigen Handlungen des Fahrgastes.

Interkaktionsverfahren können unterschieden werden nach der Art der Leistungsbestimmung und der Art der Bedienhandlung:

- Vorgabe der Leistung

  - manuelle Erfassung

- Messung der Leistung

  - manuelle Erfassung

    * CheckIn-CheckOut (CICO)

  - automatische Erfassung

    * WalkIn-WalkOut (WIWO)

    * BeIn-BeOut (BIBO)

2.1.2.1. Vorgabe der Leistung

Bei einer Leistungsvorgabe wird die beabsichtigte Nutzung durch den Fahrgast vor der Fahrt bekannt gegeben. Dieses Vorgehen entspricht im Grundsatz somit dem Vorgehen bei herkömmlichen Tarifen, allerdings erfolgen die Geschäftsprozesse wie z. B. die Ausstellung der Fahrtberechtigung auf elektronische Weise.

Eine Implementierung dieses Verfahrens auf der Grundlage des Mobiltelefons erfolgte im Projekt HandyTicket Deutschland (Krauledat u. Ackermann, 2008; Ackermann, 2007). Gestartet 2007, zunächst in einem Pilotbetrieb und seit 2010 im produktiven Einsatz, nehmen im Jahr 2013 insgesamt 25 Nahverkehrsanbieter aus 19 Verkehrsverbünden/Regionen teil.

Das System HandyTicket Deutschland ist nur für Kunden mit Mobiltelefon ausgelegt. Als Kundenschnittstelle werden verschiedene Lösungen angeboten:

- Anwendung für das Mobiltelefon

- Textmitteilung über den SMS-Dienst oder MMS-Dienst

- Sprachanruf

- Internetportal

Die Auslieferung der erworbenen Fahrtberechtigung erfolgt ebenfalls elektronisch entweder als SMS/MMS oder direkt in die Anwendung des Mobiltelefons.

Das Verfahren der Leistungsvorgabe wird innerhalb Deutschlands in weiteren unterschiedlichen Implementierungsformen genutzt. Als Beispiel seien genannt das RMV-HandyTicket (von Schlieffen, 2008), das online-ticket und handyticket der Deutschen Bahn AG (Deutsche Bahn AG, 2008), das easyGO System der Leipziger Verkehrsbetriebe (Hanss u. a., 2009) oder das MyHandyTicket Osnabrück (Baumeister, 2003). Auch außerhalb Deutschlands wird das Verfahren in vielen Systemen wie dem SMS-Ticket der Österreichischen Bundesbahn (Mobilkom Austria AG, 2007) oder dem System Plusdial der Verkehrsbetriebe Helsinki (Grote u. a., 2004) genutzt.

2.1.2.2. Messung der Leistung

Bei einer Messung der Leistung wird die tatsächlich durch den Fahrgast in Anspruch genommene Leistung im Zuge der Fahrt durch das EFM-System erfasst.

2.1.2.3. Manuelle Erfassung der Nutzung: CheckIn-CheckOut (CICO)

Eine Möglichkeit, die in Anspruch genommenen Leistung zu erfassen, besteht in der Nutzung einer Standortverfolgung, dem sog. tracking, des Kunden. Sie basiert auf der Ortungsfunktionalität des Mobiltelefons, das ausschließlich als Nutzermedium zur Anwendung kommt. Gestartet und beendet wird die Standortverfolgung vom Fahrgast, der Fahrweg wird automatisch aus den Standortdaten ermittelt und die Fahrtdaten daraus gewonnen.

Eine Implementierung der Standortverfolgung erfolgte im Forschungsprojekt Ring & Ride das durch das Bundesministerium für Bildung und Forschung gefördert wurde. Das System wurde mit ausgewählten Teilnehmern im Nahverkehrsbereich Berlin und in allen Fernverkehrszügen der

Deutschen Bahn AG auf den wichtigsten Verbindungen zwischen Berlin und Braunschweig im Jahre 2006 und 2007 getestet (Böhm u. a., 2008).

Der Check-In-Vorgang an der Einstiegshaltestelle wurde vom Fahrgast durch den Anruf einer kostenlosen Nummer eingeleitet. Nach erfolgter Prüfung der Nutzungsberechtigung wurde der erfolgreiche Check-In-Vorgang in einer SMS an den Fahrgast quittiert. Die Quittierung-SMS enthielt weitere Sicherheitsmerkmale, die zur Fahrtberechtigungskontrolle genutzt wurden. Nach erfolgreichem Check-In wurde das Mobiltelefon kontinuierlich, in festen Zeitintervallen geortet.

Der Fahrgast konnte jedes Verkehrsmittel der beteiligten Verkehrsunternehmen nutzen und auch zwischen ihnen wechseln, ohne weitere Bedienhandlungen. Erst nach Verlassen des Verkehrsmittels am endgültigen Ziel aktivierte der Kunde den Check-Out-Vorgang durch einen weiteren Anruf beim Dienstanbieter. Hierdurch wurde die kontinuierliche Ortung des Mobiltelefons beendet.

Mit Hilfe der ermittelten Standortpositionen des Mobiltelefons, der räumlichen Netzdaten und der zeitlichen Fahrplandaten wurde ein Routetracing durchgeführt, dessen Ergebnis der tatsächliche Fahrweg des Kunden war. Es beinhaltete eine Liste aller in Anspruch genommenen Leistungen des Kunden auf Fahrtenbasis. Aufgrund von Ungenauigkeiten in der Ortung und kurzfristigen Veränderungen im operativen Betrieb wurden nur bei 67 % der Reisen im Nahverkehr und 89 % der Reisen im Fernverkehr der richtige Fahrweg berechnet. Bei Nutzung von GPS Ortung konnte die Erkennungsrate der Route im Nahverkehr auf 84 % gesteigert werden (Sommer, 2008). Dabei wurden nur Reisen berücksichtigt, die ausschließlich oberirdische Haltestellen als Einstiegs-, Umstiegs- oder Ausstiegshaltestelle benutzten.

Eine ähnliche Implementierung erfolgte im System Touch & Travel der Deutschen Bahn AG (Wirth, 2012). Zunächst wurde 2008 mit ausgewählten Teilnehmern im Nahverkehrsbereich Potsdam/Berlin und in Fernverkehrszügen der Deutschen Bahn AG auf der Relation Berlin–Hannover das System erfolgreich getestet. Seit 2011 ist es im Fernverkehr deutschlandweit im produktiven Einsatz, ist aber im Nahverkehr nach wie vor auf bestimmte Regionen beschränkt.

Wie im System Ring & Ride kommt als Nutzermedium nur das Mobiltelefon des Kunden zur Anwendung. Die Ermittlung des tatsächlichen Fahrwegs erfolgt ebenfalls über die Standortbestimmung des Mobiltelefons, der räumlichen Verkehrsnetzdaten, der zeitlichen Fahrplandaten und den zusätzlichen Informationen, die während eines Kontrollvorganges der Fahrtberechtigung, dem elektronischen Zangenabdruck, aufgezeichnet werden. Wesentlicher Unterschied zum Ring & Ride System stellen die genutzten Verfahren zum Check-In und Check-Out Vorgang dar. Neben einer Standortbestimmung durch das Mobilfunknetz, durch das Mobiltelefon selber mit Hilfe eines Satellitennavigationssystems oder durch das Auslesen eines lokalen Kontaktpunktes per NFC kann eine manuelle Eingabe einer Kontaktpunkt-Nummer erfolgen, mit der die Haltestelle eindeutig identifiziert wird. Die Eingabe der Kontaktpunkt-Nummer kann auch automatisch über das Erfassen eines Barcodes erfolgen.

Die weltweit verbreitetste Implementierung eines CICO-Systems beruht auf stationären An- und Abmeldepunkten des Kunden im Zugangsbereich zum oder im Verkehrsmittel selber. Die An- und Abmeldung erfolgt unmittelbar an Erfassungsgeräten, an denen das Nutzermedium herangeführt wird. Während der An- und Abmeldung werden die relevanten Daten im Nahbereichsverfahren übertragen, aus denen die Fahrtinformationen ermittelt werden. Die meisten Systeme setzen dabei eine Smartcard ein. Das technische Konzept der Erfassungsmethode für eine An- und Abmeldung im Fahrzeug ist in Abbildung 2.1a dargestellt. Durch den unmittelbaren Kontakt zum Erfassungsgerät A kann dem Kunden über die erfolgte An- und Abmeldung eine Rückmeldung gegeben werden. Auch eine Funktionsüberprüfung des Systems kann über die Erfassungsgeräte direkt erfolgen. Erfolgt die An- und Abmeldung innerhalb von Personenvereinzelungsanlagen oder kontrolliert beim Einstieg ins Fahrzeug, kann von weiteren Gültigkeitsprüfungen der Fahrtberechtigung abgesehen werden.

Das CICO-System ist das mit Abstand am häufigsten eingesetzte Interaktionsverfahren weltweit.

(a) CICO-System

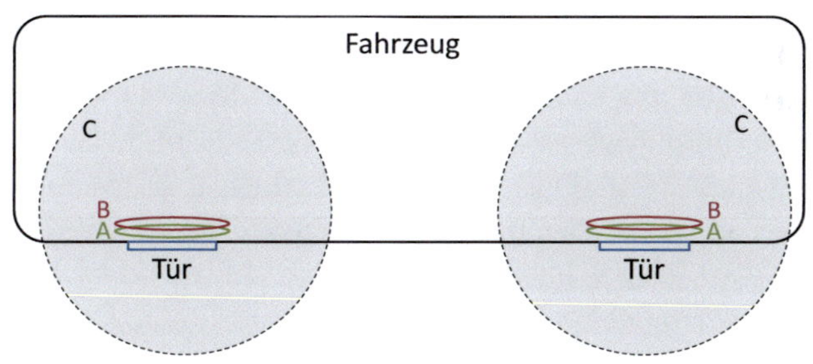

(b) WIWO-System

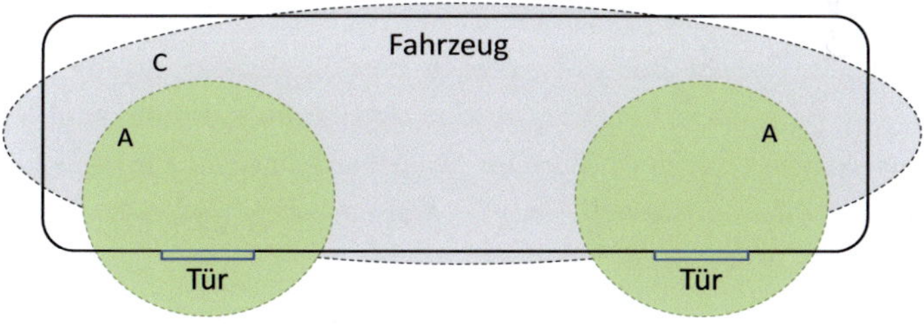

(c) BIBO-System

Abb. 2.1.: Erfassungssysteme

2.1.2.4. Automatische Erfassung der Nutzung: WalkIn-WalkOut (WIWO)

Beim WIWO-System wird der Fahrgast beim Betreten und Verlassen des Fahrzeuges automatisch erfasst. Hierzu muss er sein Nutzermedium zwar mitführen, es sind aber keine aktiven Handlungen wie beim CICO-System nötig. Anhand dieser automatischen Erfassung können die getätigten Fahrten inklusive aller Umsteigevorgänge aufgezeichnet werden.

Das WIWO-System wurde für das EU-Projekt ICARE (Gambetta, 2005) und das Projekt EasyRide in Genf umgesetzt und in einem Testbetrieb untersucht (Gyger, 2001). Die prinzipielle Umsetzung der Erfassungsmethode aus dem Projekt EasyRide ist in Abbildung 2.1b dargestellt (Kontiki e. V., 2003). Zur Anwendung kam eine Smartcard mit Mikrocontroller und Batterie, die im Umgebungsbereichsverfahren betrieben wird. Im Ausgangszustand befindet sich die Smartcard im Ruhezustand und es findet keine Kommunikation statt. Wird die Smartcard in ein Fahrzeug getragen, so passiert sie die beiden magnetischen Felder A und B. Dadurch wird die Smartcard vom Ruhezustand in den Betriebszustand versetzt. Zum anderen kann an Hand der Reihenfolge, mit der die beiden Felder durchwandert werden, die Bewegungsrichtung erkannt werden und somit zwischen Einstiegsvorgang A»B und Ausstiegsvorgang B»A unterschieden werden. Sobald die Smartcard im Betriebszustand ist, wird mit dem Empfänger C kommuniziert, der ein sehr viel größeren Bereich abdeckt, als die Felder A und B. Die Smartcard überträgt alle nötigen Informationen zum letzten Ein- oder Ausstiegsvorgang. Wird die Smartcard aus dem Fahrzeug herausgetragen, so wird auch dieses Ereignis kommuniziert und danach versetzt sie sich wieder in den Ruhezustand.

Durch den automatischen Aktivierungsprozess beim Einstieg entfallen für den Kunden jegliche Handlungen und der Einstiegsvorgang wird durch das Erfassungssystem in keiner Weise beeinflusst. Des Weiteren wird verhindert, dass Smartcards, die sich außerhalb des Fahrzeuges befinden, irrtümlicherweise als Mitfahrende identifiziert werden, da sie sich im Ruhezustand befinden. Ein Nachteil der automatischen Aktivierung liegt in der fehlenden Rückkopplung an den Fahrgast. Es ist nicht erkennbar, ob es

Probleme bei der Erfassung gab oder ob überhaupt eine Smartcard vom Fahrgast mitgeführt wird.

Über die Güte der Erfassung liegen keine Informationen aus dem Testbetrieb vor. Es gibt auch keine Informationen darüber, dass sich WIWO-Systeme derzeit im produktiven Betrieb in einem EFM-System befinden.

2.1.2.5. Automatische Erfassung der Nutzung: BeIn-BeOut (BIBO)

Das BIBO-System sieht vor, den Fahrgast anhand des mitgeführten Nutzermediums während der Fahrt zwischen zwei Haltestellen zu detektieren. Durch die kontinuierliche Erfassung des Fahrgastes auf allen Fahrtabschnitten können die getätigten Fahrten inklusive aller Umsteigevorgänge aufgezeichnet werden.

Das BIBO-System wurde im Projekt EasyRide in Basel und im Projekt intermobil Region Dresden umgesetzt und in einem Testbetrieb analysiert (Klingner, 2007). Das technische Konzept der Erfassungsmethode aus dem Projekt intermobil Region Dresden ist in Abbildung 2.1c dargestellt (Kontiki e. V., 2003). Zur Anwendung kam eine Smartcard mit Mikrocontroller und Batterie, die im Umgebungsbereichsverfahren betrieben wird. Im Ausgangszustand befindet sich die Smartcard im Ruhezustand und es findet keine Kommunikation statt. Wird die Smartcard in ein Fahrzeug getragen, so passiert sie das magnetische Feld A und wird in den Betriebszustand versetzt. Nun kommuniziert die Smartcard regelmäßig zwischen den Haltestellen mit Empfänger C. Aus diesen Informationen können die getätigten Fahrten des Kunden ermittelt werden. Wird die Smartcard aus dem Fahrzeug herausgetragen, versetzt sie sich wieder in den Ruhezustand.

Wie beim WIWO-System sind auch beim BIBO-System keine Bedienungshandlungen des Fahrgastes vonnöten. Dies allerdings zieht wie im Kapitel 2.1.2.4 beschrieben den Nachteil nach sich, dass Probleme bei der Erfassung für den Fahrgast nicht sichtbar werden. Das technische Konzept sieht eine Kommunikation zur Smartcard des Fahrgastes nach jeder Haltestelle vor. Dadurch mindern sich die Auswirkungen aus Erfassungsfehlern im Vergleich zum WIWO-System.

Im Projekt intermobil Region Dresden wurden über 120.000 Fahrten elektronisch verarbeitet (Klingner, 2007). Über die Güte der Erfassung liegen keine Informationen vor. Ebenfalls liegen keine Informationen darüber vor, dass sich ein BIBO-System im produktiven Einsatz in einem EFM-System befindet.

2.1.3. Abrechnungs- und Bezahlverfahren

Das Abrechnungsverfahren und das Bezahlverfahren sind aus Perspektive des Nutzers häufig eng miteinander verwoben. Während das Abrechnungsverfahren das Entgelt anhand der in Anspruch genommenen Nutzung und dem definierten Tarif ermittelt, wird im Bezahlverfahren dieses Entgelt vom Fahrgast aufgebracht. Für den Kauf eines Papierfahrscheins an einem Automaten unter einem herkömmlichen Tarif kommen beide Verfahren kombiniert zum Einsatz. In EFM-Systemen stellt eine derartige Kopplung nur einen möglichen Fall dar.

Abrechnungsverfahren können nach ihrem Bezugspunkt zur Inanspruchnahme unterschieden werden:

pre priced Bereits vor der Inanspruchnahme erfolgt die Abrechnung. Die ist üblicherweise der Fall bei einer manuellen Leistungsvorgabe.

trip priced Die Abrechnung erfolgt jeweils direkt in Bezug zu einer Inanspruchnahme. Die Abrechnung kann aber auch unmittelbar nach der Inanspruchnahme durchgeführt werden.

post priced Die in einem festgelegten Zeitintervall in Anspruch genommene Leistung wird dem Abrechnungsverfahren zu Grunde gelegt.

Der Ort der Abrechnung, zentral oder dezentral, kann ebenfalls variieren, ist aber für den Fahrgast transparent und wird daher nicht weiter betrachtet.

Als Bezahlverfahren wird die Abwicklung des Geldgeschäfts zwischen Fahrgast und Dienstleistungsanbieter bezeichnet. Bezahlverfahren werden zum einen nach dem Zeitpunkt des Zahlungsverkehrs unterschieden:

prepaid Kommt das prepaid Verfahren zum Einsatz, so wird vor der Inanspruchnahme der Dienstleistung ein Geldbetrag auf ein Guthabenkonto übertragen.

postpaid Das postpaid Verfahren sieht zunächst die Inanspruchnahme der Dienstleistung vor. Erst zu einem späteren Zeitpunkt wird das Nutzungsentgelt bezahlt.

Die Unterscheidung des Zeitpunkts der Zahlung ist nicht mit der Existenz eines Vertragsverhältnisses zwischen Fahrgast und Dienstleistungsanbieter gleich zu setzen. Obwohl das prepaid Verfahren des Häufigen als eine Dienstleistung ohne Vertrag angesehen wird, so kommt auch bei diesem Bezahlverfahren ein Vertrag zu Stande.

Zum anderen wird nach der Art des Zahlungsverkehrs unterschieden:

unbarer Zahlungsverkehr Beim unbaren Zahlungsverkehr wird die Zahlung durch eine Banküberweisung, Kreditkarte, Electronic Banking, usw. durchgeführt.

barer Zahlungsverkehr Der bare Zahlungsverkehr sieht die Übergabe von Bargeld zwischen Fahrgast und Dienstleistungsanbieter vor. Hiermit sind nicht Banküberweisungen gemeint, die bar bei einer Bank initiiert werden. Hier erfolgt die Übergabe von Bargeld nur zwischen Fahrgast und der Bank als Mittelsmann. Für den Dienstleistungsanbieter unterscheidet sie sich nicht vom unbaren Zahlungsverkehr.

Ein barer Zahlungsverkehr steht genau betrachtet im Widerspruch zur Definition von EFM-Systemen, da hier keine elektronischen Verfahren eingesetzt werden.

Die verschiedenen Abrechnungs- und Bezahlverfahren können miteinander kombiniert werden. Dabei spielt allerdings eine wesentliche Rolle, ob eine Anonymität des Fahrgastes vorliegt oder nicht. Erfolgt die Abrechnung z. B. im postpaid Verfahren, so wird ein Dienstleistungsanbieter dies i. A. nur akzeptieren, wenn ein persönliches Vertragsverhältnis mit dem Fahrgast vorliegt, um Forderungen aus dem Vertragsverhältnis geltend machen zu können.

2.2. Implementierungen

EFM-Systeme sind in den verschiedensten Ausprägungen weltweit im Einsatz. Detaillierte Übersichten aller Systeme finden sich in der Fachliteratur nicht mehr, Nutzer der Plattform Wikipedia benennen im Jahre 2012 ca. 200 auf Smartcard basierte EFM-Systeme weltweit. Dabei variiert die Größe der Systeme stark und schließt das EFM-System Suica der JR East mit 1,7 Millionen Transaktionen pro Tag und über 50 Millionen Smartcards im Umlauf (Amoroso u. Magnier-Watanabe, 2012) im Jahre 2011 ebenso ein wie das EFM-System KolibriCard der Kreisverkehrsgesellschaft Schwäbisch Hall mit 12.000 Kunden im Jahre 2011 und insgesamt 6 Millionen Transaktionen seit der Inbetriebnahme im Jahre 2006 (news tix, 2011).

In Deutschland werden bereits etwa 11 Prozent der Umsätze aus Nutzungsentgelten mit Tickets erzielt, die als elektronische Tickets oder Onlinetickets ausgegeben werden (Verband Deutscher Verkehrsunternehmen (VDV), 2011). Diese Angabe bezieht sich auf die Umsätze der Mitglieder des Verbandes Deutscher Verkehrsunternehmen (VDV), wobei die Umsätze der Deutsche Bahn AG nicht mit eingeschlossen sind.

Seit einiger Zeit werden die EFM-Systeme zur Identifikationsstiftung der entsprechenden Region genutzt. Hierzu erhalten die eingesetzten Kundenmedien einen Namen in Anlehnung an ein Tier oder eine Pflanze. Als Beispiele seien genannt: OctopusCard in Hongkong (CN), CharlieCard in Boston (USA), OysterCard in London (UK), ORCA Card in Seattle (USA), Suica (jap. für Wassermelone) in Japan oder die KolibriCard in der Region Schwäbisch Hall (DE).

3. Flexible Tarife im ÖPV

Allgemein wird unter Tarif ein Vertrag bezeichnet, der die genauen Bedingungen für das Erbringen von Leistungen festschreibt. Die Bezeichnung dieser Vertragsbedingungen als Tarif ist üblich, wenn sie einseitig vom Dienstleistungsanbieter bestimmt und vielen möglichen Kunden angeboten werden. In diesen Vertragsbedingungen ist auch festgehalten, wie das Nutzungsentgelt für eine Leistung berechnet wird. In den folgenden Diskussionen zum Thema Tarif liegt der Fokus auf diesen Regeln zur Preisberechnung.

Der Begriff des "flexiblen Tarifs" dient als Schlagwort, um die fallenden Restriktionen bei der Tarifgestaltung im ÖPV durch Verwendung eines EFM-Systems deutlich zu machen. Die Definition des flexiblen Tarifs ist daher nicht trennscharf zu herkömmlichen Tarifen, sondern der Übergang ist fließend. Zudem unterliegt der Begriff flexibler Tarif einem Zeitgeist, der bei der Unterscheidung mit einfließt. Für einen flexiblen Tarif gelten dieselben grundsätzlichen Definitionen wie sie auch für einen herkömmlichen Tarif außerhalb eines EFM-Systems gelten.

Zu unterscheiden vom Begriff eines flexiblen Tarifs ist der Begriff des elektronischen Tarifs oder eTarifs. Ein elektronischer Tarif beschreibt die Fahrpreisermittlung auf Basis elektronisch erfasster Fahrten. Demnach sind nicht spezielle Tarifmerkmale entscheidend, sondern die Datengrundlage, auf der die Fahrpreisermittlung durchgeführt wird. Ob ein elektronischer Tarif die Möglichkeiten der Flexibilisierung in der Preisdifferenzierung nutzt, spielt hierbei keine Rolle. Ein elektronischer Tarif kann sowohl flexible Tarife abbilden als auch im Grundsatz herkömmliche Tarife abbilden.

Im Gegensatz zu vielen anderen Dienstleistungsbereichen ist die Preisbildung im ÖPV stark bestimmt durch den Nutzer und die Politik, weniger durch direkte Wettbewerber. Dennoch besteht auch im Verkehrsdienstleistungssektor das klassische Spannungsverhältnis zwischen Kunden und

Dienstleistungsanbieter. So möchte der Kunde seine Konsumentenrente maximieren, er sucht das günstigste Beförderungsangebot. Der Dienstleistungsanbieter hingegen möchte durch sein Tarifsystem eine hohe Ergiebigkeit erreichen. Daher werden zunächst allgemeingültig Tarife bei Dienstleistungen dargestellt, die Gründe und die Möglichkeiten der Preisdifferenzierung erläutert und Restriktionen aus gesetzlichen Vorgaben ausgeführt. Anschließend werden diese auf den Markt des öffentlichen Personenverkehrs übertragen und ihre Potenziale diskutiert. Abschließend werden die Wirkungsebenen flexibler Tarife auf den Kunden dargestellt.

3.1. Tarife bei Dienstleistungen

Sowohl bei Produktpreisen, aber vor allem bei Dienstleistungen ist üblicherweise eine detaillierte Preisdifferenzierung zu beobachten. Angefangen von Ferienaufenthalten in Hotels, die zwischen der Hauptferien- und Nebenzeit Preisunterschiede von 50 % beinhalten, bis zu Friseuren, die je nach Geschlecht unterschiedliche Preise berechnen. Insbesondere bei Dienstleistungen mit einem hohen Anteil an Fixkosten ist ein großes Maß an Preisdifferenzierungen üblich.

Als Preisdifferenzierung wird hier die eher weit gefasste Definition nach Faßnacht (1996) verwendet, wonach eine Preisdifferenzierung vorliegt wenn:

- ein Dienstleitungsanbieter ein Produkt, das hinsichtlich der räumlichen, zeitlichen, leistungs- und mengenbezogenen Dimension identisch ist, zu unterschiedlichen Preisen verkauft oder

- ein Dienstleitungsanbieter Varianten eines Produktes, die sich zumindest in einer der vorher genannten vier Dimensionen unterscheiden, ohne dass dabei andere Produkte entstehen, zu unterschiedlichen Preisen verkauft.

Die Gründe für eine Preisdifferenzierung liegen hauptsächlich in:

- der Erhöhung des Gewinns,

- der Auslastungssteuerung,

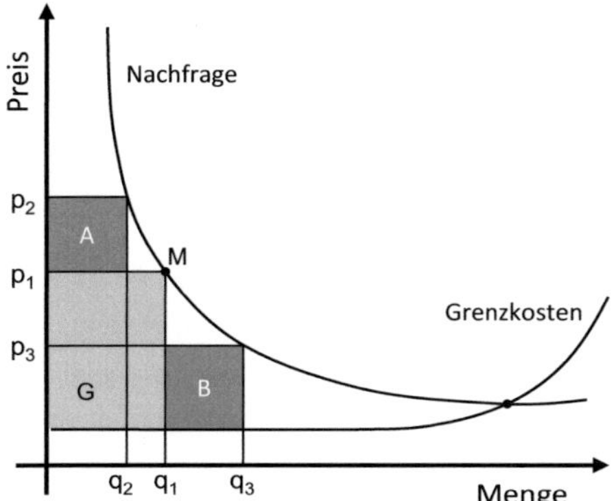

Abb. 3.1.: Modell der Preisdifferenzierung

- der Generierung von Wohlfahrtseffekten und

- der Reduktion der Markttransparenz.

Die Erhöhung des Gewinns eines Dienstleisters beruht auf der Gegebenheit, dass aus der Preisdifferenzierung eine bessere Ausschöpfung der Konsumentenrente resultiert. Die Konsumentenrente ist die Differenz zwischen dem Preis, den ein Kunde maximal bereit wäre zu zahlen (Maximalpreis) und dem Preis, den er tatsächlich zahlen muss. Eine Preisdifferenzierung ermöglicht die Heterogenität in den individuellen Maximalpreisen auszuschöpfen – im schlechtesten Falle ergibt sich kein Unterschied zu einem Einheitspreis.

In Abbildung 3.1 sind die grundlegenden Zusammenhänge anhand der Preisabsatzfunktion dargestellt. Die Nachfragekurve spiegelt den Maximalpreis der Konsumenten wider, die Grenzkostenkurve die Angebotsfunktion. Würde der Dienstleister einen Einheitspreis p_1 ansetzen, so ergäbe sich ein Absatz der Menge q_1 und der Gewinn würde durch die Fläche G dargestellt. Fügt der Dienstleister zwei weitere Segmente mit den Preisen p_2 und p_3 hinzu, so kann er seinen Gewinn um die Flächen A und B steigern. Dabei sind in der Fläche A die Kunden anzutreffen, die eine kleinere Menge als q_2 nachfragen und nun den höheren Preis p_2 zahlen. In der Fläche B sind Kunden anzutreffen, deren Maximalpreis zwischen p_1 und p_3 liegt und die ihre gewünschte Menge vormals nicht erwerben konnten. Durch die Preisdifferenzierung wird demnach auch die Kundengruppe erreicht, deren Maximalpreis vormals unter p_1 lag. Ohne eine solche Preisdifferenzierung blieben bestimmte Teilmärkte unberührt.

Ein weiterer Grund der Preisdifferenzierung besteht in der Auslastungssteuerung. Die meisten Dienstleistungen zeichnen sich dadurch aus, dass der Kunde in den Prozess der Leistungserbringung eingebunden ist und es damit zu einer Integration eines externen Faktors kommt. Ein Kinobetreiber braucht für die Dienstleistung der Filmvorführung den anwesenden Kunden im Kinosaal. Eine Filmvorführung auf Vorrat ist nicht möglich. Dieser Inflexibilität auf Seiten des Dienstleisters wird mit Hilfe der Preisdifferenzierung versucht entgegen zu wirken.

Ein weiterer Grund für eine Preisdifferenzierung ist die Generierung von Wohlfahrtseffekten. In Cassady (1946) werden einige Beispiele aus Nordamerika genannt, wie z. B. der preisgünstigere Versand von Unterrichtsmaterial wie Schulbüchern; dies erfolgt unter der Prämisse, dass eine gut ausgebildete Erwerbsbevölkerung zu wirtschaftlichem Wohlstand beiträgt. Oder der preisgünstige Transport von Kindern im ÖPV, der ebenfalls unter der langfristigen Prämisse einer gut ausgebildete Erwerbsbevölkerung gesehen werden kann. Auch in Deutschland liegt ausgehend von einer sozialen Marktwirtschaft ein wesentlicher Grund für Preisdifferenzierung in der Generierung von Wohlfahrtseffekten. Die hierfür geschaffenen Segmente werden häufig als Sozialtarife bezeichnet. Typische Dienstleitungsbereiche sind hierbei die Kommunikation, Transport und Kultur. Wie oben beschrieben blieben ohne eine Preisdifferenzierung Teilmärkte unberührt und würden zu Exklusionen von Bevölkerungsgruppen führen; bei einer solchen Entwicklung wären negative Wohlfahrtseffekte anzunehmen.

Der letzte oben genannte Grund für eine Preisdifferenzierung ist die Reduktion der Markttransparenz. Als Markttransparenz ist hiermit der Grad der Übersichtlichkeit eines Marktes gemeint (mi Verlag, 1974). Neben der Bereitstellung von Information über die zur Verfügung stehenden Angebote ist hiermit auch die Vergleichbarkeit der Informationen eingeschlossen. Als

Beispiel seien Mobilfunkbetreiber genannt, die in den 1990er und 2000er Jahren ihre Tarife häufig mit Kontingenten an Freiminuten für Sprachkommunikation oder an Frei-SMS einschlossen, die sich in ihrem Umfang aber leicht unterschieden. Für den Kunden führt dies zu einer Reduktion der Markttransparenz die oft als undurchsichtige Preispolitik bezeichnet wird (Faßnacht, 1996). Dabei stellt die Reduktion der Markttransparenz häufig nicht das primäre Ziel dar, sondern ist eher als akzeptierte Begleiterscheinung der übrigen Gründe zu sehen. Dies manifestiert sich auch in der dünnen wissenschaftlichen Literatur, die eine Reduktion der Markttransparenz quantifizieren und den Einfluss auf den Markt bewerten (Engelmann, 2009).

Im Bereich des ÖPV wird als weiterer Grund für eine Preisdifferenzierung die Erhöhung der Tarifgerechtigkeit formuliert. In der Betrachtungsweise von Ircha u. Gallagher (1985) liegt bei Tarifen mit Festpreis eine Ungerechtigkeit vor, da sie Preisvorteile für ökonomisch besser gestellte Kunden, für Kunden mit entfernteren Zielen und Kunden, die zu den Hauptverkehrszeiten unterwegs sind, darstellen. In ihrer Betrachtungsweise ist Tarifgerechtigkeit dann gegeben, wenn ein gleichwertiges Angebot an ÖPV in alle geographischen Bereichen als auch allen sozialen Schichten im Bedienungsgebiet zuteil wird.

Für eine Anwendung der Preisdifferenzierung existieren folgende Voraussetzungen (Faßnacht, 1996; Phlips, 1983):

- Der Maximalpreis muss über die Menge der Kunden variieren und es müssen Preiselastizitäten vorliegen.

- Es muss möglich sein, die Kunden auf die verschiedenen Segmente aufteilen zu können. Vor allem bei freier Wahl der Kunden ist die Aufteilung so zu konstruieren, dass es zu keinem Transfer der Dienstleistungen kommt, der sog. Arbitrage, und die Kunden in ihren Segmenten verbleiben.

- Es muss ein unvollkommener Markt vorliegen, bei dem der Dienstleister über einen gewissen monopolistischen Spielraum verfügen kann.

Für den Dienstleisutngsbereich des ÖPV sind diese Voraussetzungen erfüllt.

3.1.1. Art und Implementierung von Preisdifferenzierung

In Abhängigkeit zur Ausschöpfung der Konsumentenrente führt Pigou (1960) drei Grade der Preisdifferenzierung ein:

Preisdifferenzierung ersten Grades Für jede Dienstleistungseinheit wird von jedem Kunden exakt der Preis gefordert, den er höchstens bereit ist zu zahlen. Dadurch wird die gesamte Konsumentenrente abgeschöpft und der größtmögliche Gewinn für den Dienstleister erzielt. Dieser Art der Preisdifferenzierung liegt allerdings die praxisferne Voraussetzung zugrunde, dass der individuelle Maximalpreis, der Preis den der Kunde gerade noch bereit ist zu zahlen, bekannt ist. Daher hat diese Preisdifferenzierung nur eine untergeordnete Bedeutung für reale Märkte; als Ausnahme sei hier die Aushandlung der Konditionen bei einer Kreditvergabe genannt, die eine übliche Vorgehensweise im Finanzsektor darstellt und der Preisdifferenzierung ersten Grades im Grundprinzip entspricht.

Preisdifferenzierung zweiten Grades Der Dienstleistungsanbieter erstellt zwei oder mehr Segmente und fordert für jedes Segment einen unterschiedlichen Preis je Einheit, der für alle Kunden des Segments gilt. Ziel der Segmenteinteilung ist dabei, die Kunden mit ähnlichem individuellen Maximalpreis zusammen in einem Segment bedienen zu können. Je nachdem wie gut diese Gruppenbildung die individuellen Maximalpreise klassifiziert, dementsprechend kann auch die Konsumentenrente abgeschöpft werden. Die eigentliche Wahl des Tarif bzw. Segments obliegt aber dem Kunden.

Preisdifferenzierung dritten Grades Wie bei der Preisdifferenzierung zweiten Grades erstellt der Dienstleistungsanbieter zwei oder mehr Segmente. Die Einteilung der Kunden erfolgt hier aber anhand von beobachtbaren Kriterien der Kunden und nicht vom Kunden selber.

Die verschiedene Implementierungsformen der Preisdifferenzierung sind in Tabelle 3.1 aufgeführt. Sowohl die personenbezogene als auch die räumliche und zeitliche Preisdifferenzierung sind Preisdifferenzierungen dritten

Tab. 3.1.: Implementierungsformen der Preisdifferenzierung

Implementierungs-form	Grad der Preis-differenzierung	Beschreibung
Personenbezogene Preisdifferenzierung	3	Unterschiedlichen Kunden oder Kundengruppen wird aufgrund personenbezogener Merkmale ein unterschiedlicher Preis angeboten.
Räumliche Preisdifferenzierung	3	Je nach Ort der Inanspruchnahme wird der Preis variiert.
Zeitliche Preisdifferenzierung	3	Je nach zeitlicher Inanspruchnahme wird der Preis variiert.
Leistungsbezogene Preisdifferenzierung	2	Aufgrund leistungsmäßiger Unterschiede wird der Preis variiert. Dabei sind die leistungsmäßigen Unterschiede gering und es handelt sich nicht um ein neues Produkt.
Mengenbezogene Preisdifferenzierung	2	Aufgrund unterschiedlicher Abnahmemengen wird der Preis variiert. Menge und Preis sind negativ korreliert.
Suchkostenbezogene Preisdifferenzierung	2	Je nach Vertriebskanal oder Marke wird der Preis variiert.
Preisbündelung	2	Unterschiedliche Produkte von möglicherweise verschiedenen Dienstleistern werden zu einem Leistungspaket zusammengefasst und mit einem Gesamtpreis versehen.

in Anlehnung an Faßnacht (1998) und eigene Darstellung

Grades. Die übrigen drei Implementierungsformen sind Preisdifferenzierungen zweiten Grades, bei denen der Kunde selber das Segment und damit den Tarif auswählt. Die Bestimmung des Grades der Preisdifferenzierung erfolgt dabei aus Sicht des Anbieters. Selbstverständlich kann der Kunde den Ort seines Konsums bei einer räumlichen Preisdifferenzierung selber wählen. Aber aus Sicht des Anbieters wird ein Produkt oder eine Dienstleitung an einem Ort für alle Kunden zum gleichen Preis angeboten, so dass es zu keiner Auswahlmöglichkeit auf Kundenseite kommt. Alle Implementierungsformen können auch in einer beliebigen Kombination Anwendung finden.

3.1.2. Probleme bei der Preisdifferenzierung

Entscheidend für eine erfolgreiche Preisdifferenzierung ist die Wahl der Segmente. Hierzu zählt die Wahl der Implementierungsform, die zur Segmentierung genutzt werden sollen, als auch die Größe der Segmente. Sie muss sich an den zu erreichenden Zielgruppen orientieren. Wesentliche Grundlage für die Zielgruppenfindung im ÖPV ist das allgemeine Mobilitätsverhalten.

Eine Preisdifferenzierung ist immer auch mit dem Risiko einer übermäßigen Tarifkomplexität verbunden. Erscheinen dem Kunden die angebotenen Tarife komplexer als nötig oder sinnvoll, kann er zu anderen Dienstleistern wechseln oder auf einen Konsum verzichten. Hierdurch entstehen dem Dienstleister Opportunitätskosten aufgrund ergangener Erlöse. Mit Bezug auf den ÖPV kommt der Verzicht auf den Konsum von ÖPV-Transportleistung allerdings nicht einem Verzicht auf Mobilität gleich. Diese wird ohnehin in großem Umfang selber erbracht durch den MIV, das Fahrrad oder auch zu Fuß.

3.2. Gesetzliche Vorgaben

Neben der Frage der technischen Machbarkeit bei der Tarifgestaltung stellt sich auch die Frage der rechtlichen Möglichkeiten. Beide Aspekte bilden den Rahmen für die Gestaltung flexibler Tarife. Sowohl die technische Seite als auch die rechtliche Seite unterliegen Veränderungen und beeinflussen sich gegenseitig. Veränderte technische Rahmenbedingungen können eine Anpassung der gesetzlichen Vorgaben nötig machen. Obwohl die Entwicklung von EFM-Systemen in Deutschland sich erst in den Anfängen befindet und eine wechselseitige Beeinflussung von technischen und rechtlichen Aspekten dadurch bis jetzt kaum erfolgte, sollen hier die momentan gültigen rechtlichen Rahmenbedingungen für die Tarifgestaltung dargestellt werden.

Die Betrachtung der rechtlichen Rahmenbedingungen erfolgt anhand der aktuellen gesetzlichen Vorgaben für eine Tarifgenehmigung in Deutschland. Diese sollten in ihren Grundzügen auch den Regelungen in anderen Ländern der europäischen Union entsprechen, da die länderspezifischen gesetzlichen Regelungen im Bereich des wirtschaftlichen Wettbewerbs in Einklang mit den Vorgaben der europäischen Union stehen müssen. Dabei wird das formale Vorgehen bei der Genehmigung eines Tarifs nicht betrachtet. Dies kann sich im Rahmen eines flexiblen Tarifs anders darstellen, als es bei herkömmlichen Tarifen der Fall ist. Es wird angenommen, dass hieraus keine Einschränkungen auf die Tarifgestaltung resultieren.

3.2.1. Öffentlicher Straßenpersonenverkehr

Das für den öffentlichen Straßenpersonenverkehr (ÖSPV) geltende Personenbeförderungsgesetz (PBefG) legt in § 39 fest, dass Nutzungsentgelte der Zustimmung durch die Genehmigungsbehörde bedürfen. Insbesondere ist unter Berücksichtigung der wirtschaftlichen Lage des Unternehmers auf eine ausreichende Verzinsung und Tilgung des Anlagekapitals und der notwendigen technischen Entwicklung zu achten. Die Betriebsaufwendungen sollen grundsätzlich durch die Nutzungsentgelte erwirtschaftet werden. Genauere Bestimmungen zur Ausgestaltung des Tarifes erfolgen nicht. Neben diesen zentralen tariflichen Vorschriften zielt das PBefG auch generell auf eine eigenwirtschaftliche Erbringung der Verkehrsleistung ab (§ 8 Abs. 4): "Verkehrsleistungen im öffentlichen Personennahverkehr sind eigenwirtschaftlich zu erbringen [...]". Die erweiterten Gestaltungsmöglichkeiten flexibler Tarife stehen somit im Einklang zum PBefG, sofern sie mit dem Ziel der eigenwirtschaftlichen Erbringung von Verkehrsleistung einhergehen.

Die im PBefG festgesetzten Regelungen werden durch die Nahverkehrsgesetze der Länder u.U. weiter spezifiziert. In Bezug zur Tarifgestaltung werden in den meisten Nahverkehrsgesetzen keine genaueren Regelungen getroffen. So ist nach § 9 des Gesetzes über die Planung, Organisation und Gestaltung des öffentlichen Personennahverkehrs (ÖPNVG) in Baden-Württemberg "zur Verbesserung des öffentlichen Personennahverkehrs und zur Steigerung seiner Attraktivität, insbesondere [...] durch einheitliche und nutzerfreundliche Tarife, [...] die Zusammenarbeit zwischen den Aufgabenträgern und den Verkehrsunternehmern oder zwischen Verkehrsunternehmern anzustreben." Eine genauere Ausgestaltung der Begriffe Nutzerfreundlichkeit und Einheitlichkeit erfolgt nicht. Ähnliche Formulierungen finden sich auch in anderen Nahverkehrsgesetzen.

Das Gesetz über den öffentlichen Personennahverkehr (ÖPNVG) in Hessen allerdings geht bei der Beschreibung der allgemeinen Anforderungen in § 4 etwas genauer auf Gestaltung der Beförderungstarife ein. In Abschnitt 5 wird zum einen die Nutzung eines EFM-Systems explizit ermöglicht: "Das Fahrpreissystem (Beförderungstarife) ist so zu gestalten, dass innerhalb der Verkehrsverbünde mit einem Fahrschein, auch einem solchen in elektronischer Form, alle öffentlichen Nahverkehrsmittel unternehmensübergreifend nutzbar sind (Verbundtarif)." Zum anderen wird gefordert, dass die Tarifstruktur "überschaubar und allgemein verständlich" sein soll. Engere Bestimmungen in Bezug zur Überschaubarkeit und Verständlichkeit werden nicht gemacht.

3.2.2. Schienenpersonenverkehr

Das für den Schienenpersonenverkehr (SPNV) geltende Allgemeine Eisenbahngesetz (AEG) enthält im § 12 Vorgaben zu Tarifen. Danach sind Tarife nicht genehmigungsfähig, "[...] wenn sie mit dem geltenden Recht, insbesondere mit den Grundsätzen des Handelsrechts und den Vorschriften über die Gestaltung rechtsgeschäftlicher Schuldverhältnisse durch Allgemeine Geschäftsbedingungen, nicht in Einklang stehen." Des Weiteren müssen Tarife "[...] alle Angaben, die zur Berechnung des Entgeltes für die Beförderung von Personen und für Nebenleistungen im Personenverkehr notwendig sind, [...] enthalten."

Die letztgenannte Voraussetzung begründet sich in der Notwendigkeit der Nachvollziehbarkeit der Entgeltberechnung. Sie ist ebenso Voraussetzung für das Abrechnungsverfahren, in dem die Entgeltberechnung definiert ist. Eine Nachvollziehbarkeit ist also naturgemäß gegeben. Wesentlich bedeutender ist der Verweis, dass alle Angaben, die zur Berechnung des Entgeltes notwendig sind, den Tarifbestimmungen beizufügen sind. Hieraus ergeben sich Fragen in Bezug zum formalen Vorgehen: wird z. B. die zurückgelegte Entfernung des Fahrgastes in der Preisberechnung berücksichtigt, so wären alle möglichen Fahrtwege mit ihren Entfernungen auch in den Tarifbestimmungen zu integrieren, um dieser Forderung nachzukommen. Dies ist aber eine Frage des formalen Vorgehens, die an dieser Stelle nicht weiterverfolgt wird.

Die erstgenannte Voraussetzung betrifft zum einen handelsrechtliche Grundsätze. Diese sind im HGB geregelt und beinhalten u. a. die gesetzlichen Grundlagen für einen Kaufvertrag. Zum anderen betrifft sie die Vorschriften über die Gestaltung rechtsgeschäftlicher Schuldverhältnisse durch Allgemeine Geschäftsbedingungen. Sie sind in § 305 ff BGB geregelt und bestimmen allgemein den Inhalt und die Gestaltung von Allgemeinen Geschäftsbedingungen. Beide Gesetze gelten für Dienstleistungen im Allgemeinen und beinhalten keine speziellen Regelungen für Verkehrsdienstleistungen.

Die in Deutschland gültigen Rechtsvorschriften lassen den Gestaltungsmöglichkeiten von Tarifen bei Verkehrsdienstleistungen Raum, geben aber allgemeine Ziele vor. So sollen Tarife z. B. überschaubar, allgemein verständlich und nutzerfreundlich sein. Die Erreichung dieser Ziele kann allerdings nicht losgelöst bei der Betrachtung einzelner Implementierungsformen von Preisdifferenzierungen überprüft werden. Dies kann erst bei der Formulierung ganzer Tarife erfolgen. Daher werden die im weiteren Verlauf des Kapitels separat diskutierten Implementierungsformen von Preisdifferenzierungen bei flexiblen Tarifen nicht weiter vor dem Hintergrund der gesetzlichen Vorgaben betrachtet.

3.3. Gestaltungsmöglichkeiten

Herkömmliche Tarife können nur einen Teil der Möglichkeiten an Preisdifferenzierungen nutzen. Dabei liegt die Reduzierung wesentlich begründet in der Berücksichtigung der Praktikabilität, den ein Tarif mitbringen muss. Die Praktikabilität eines Tarif bezieht sich dabei sowohl auf eine möglichst ökonomische Umsetzung durch den Dienstleistungsanbieter, als auch auf die effiziente Anwendbarkeit durch den Kunden.

Flexible Tarife, die auf elektronisch erfassten Fahrten aufbauen, erweitern die Gestaltungsmöglichkeiten ohne die Praktikabilität zwangsweise negativ zu beeinflussen. Durch die Möglichkeit der Nutzungsabhängigkeit lässt sich die Bepreisung besser der Zahlungsbereitschaft anpassen. In welchen Bereichen der Preisdifferenzierung flexible Tarife neue Möglichkeiten mitbringen, wird im Folgenden beschrieben. Um eine einheitliche Semantik in Bezug zu anderen Dienstleistungsbereichen zu verwenden, wird dieselbe Strukturierung wie in Tabelle 3.1 verwendet. Für jede Implementierungsform werden Beispiele aus herkömmlichen Tarifen sowohl im Bereich der öffentlichen Verkehre, als auch in andere Dienstleistungsbereichen gegeben. Es folgt jeweils eine Diskussion über die potentiell erweiterten Möglichkeiten bei flexiblen Tarifen.

Zum einfacheren Verständnis und einer besseren Übersichtlichkeit wegen werden die verschiedenen Preisdifferenzierungen dabei losgelöst voneinander beschrieben. Zur Anwendung dürfte in der Regel allerdings immer eine Kombination dieser kommen. Da die verschiedenen Arten der Preisdifferenzierung im Dienstleistungsbereich des öffentlichen Verkehrs häufig als Tarifmerkmal oder nur Merkmal bezeichnet werden, erfolgt dies auch im weiteren Verlauf dieser Arbeit.

3.3.1. Personenbezogene Merkmale

Eine Preisdifferenzierung nach personenbezogenen Merkmalen ermöglicht eine unterschiedliche Bepreisung je nach Personengruppe. Dabei werden die Personengruppen entweder nach offensichtlichen Merkmalen wie dem Geschlecht gebildet oder anhand nachweisbarer Merkmale wie dem Alter oder dem sozialen Status. Als Beispiel seien hier die Tarife von Friseurbetrieben genannt, die für einen Haarschnitt mit den Leistungen Waschen, Schneiden und Föhnen deutlich unterschiedliche Preise je nach Geschlecht vorsehen.

Im öffentlichen Verkehr in Deutschland werden personenbezogene Merkmale auch in herkömmlichen Tarifen angewandt. Zum einen besteht von Seiten der Gesetzgebung durch die Regelungen im SGB IX und SGB XII sowie eventuell durch Auflagen für den Schüler- und Ausbildungsverkehr durch die Aufgabenträger die Pflicht, eine Preisdifferenzierung für diese Personengruppen durchzuführen. Zum anderen zeigen auch qualitative Studien eine hohe Kundenakzeptanz zur Preisdifferenzierung (GfK Group, 2003). Generell zu beobachten ist, dass den gebildeten Personengruppen nur bei Zeitkarten jeweils verschiedene Preise zugeordnet sind. Bei nutzungsabhängigen Tarifen, wie z. B. bei Einzelfahrscheinen, gibt es überwiegend nur zwei Preisgruppen, den Erwachsenen-Tarif und den Ermäßigten-Tarif. Damit findet bis jetzt eine nur schwach ausgeprägte Preisdifferenzierung bei den nutzungsabhängigen Tarifen statt.

Flexible Tarife können personenbezogene Preisdifferenzierungen ebenso abbilden wie es in herkömmlichen Tarifen der Fall ist. Eine Anwendung auf alle Tarifangebote, sowohl nutzungsabhängige Tarife als auch Tarife mit Festpreis, ist dabei ohne negative Auswirkungen auf die Praktikabilität möglich.

3.3.2. Räumliche Merkmale

Bei der Preisdifferenzierung anhand räumlicher Merkmale werden in verschiedenen Gebieten unterschiedliche Preise gefordert. Die bei vielen Dienstleistungen als Gebietsgrenze angenommenen Landesgrenzen stellen für den öffentlichen Verkehr in den meisten Fällen keine geeignete Segmentierung dar. Vielmehr sind die Siedlungsstrukturen in die Betrachtung der räumlichen Segmentierung einzubeziehen.

Die Wettbewerbsfähigkeit des öffentlichen Verkehrs ist im Wesentlichen abhängig von der Siedlungsstruktur (Vance u. Hedel, 2007; Frondel u. Vance, 2011). In Räumen mit geringem Urbanisierungsgrad fällt es öffentlichen Verkehren in der Regel schwerer, ein konkurrenzfähiges Angebot zum motorisierten Individualverkehr anzubieten. Aufgrund geringer Nutzungsintensität des Straßenraumes und ausreichenden Flächen für den ruhenden Verkehr können öffentliche Verkehre ihre Stärken nur selten zur Geltung bringen. In Räumen mit hohem Urbanisierungsgrad auf der anderen Seite erbringt der öffentliche Verkehr einen essentiellen Beitrag zum Gesamtverkehrssystem. Die hohe Nutzungsintensität des Straßenraumes und die begrenzten Flächen für den fließenden und vor allem ruhenden motorisierten Individualverkehr, lassen die Stärken des öffentlichen Verkehrs meist vollständig zur Geltung kommen.

Neben Wettbewerbsunterschieden zwischen verschiedenen Siedlungsstrukturen bestehen auch innerhalb einer Siedlungsstruktur häufig deutliche Unterschiede im Wettbewerb zum motorisierten Individualverkehr. Auf der einen Seite sind öffentliche Verkehre auf eigenem oder besonderem Fahrweg unabhängig vom Straßenverkehr und bieten daher eine hohe Zuverlässigkeit. Des weiteren sind in vielen Netzen öffentlicher Verkehrssysteme radiale Strukturen enthalten. Relationen, die hauptsächlich parallel zu diesen Strukturen liegen, können im Vergleich zum MIV Vorteile in der Beförderungsgeschwindigkeit aufweisen. Auf der anderen Seite sind öffentliche Verkehre, die sich im allgemeinen Straßenraum bewegen, von diesem abhängig und können in der Regel im Vergleich zum MIV keine Vorteile in der Beförderungsgeschwindigkeit erreichen.

Als Beispiel für diese Räume seien Hauptverkehrsstraßen genannt, die wichtige Zugänge zu innerstädtischen Bereichen darstellen. Gibt es aufgrund topographischer Gegebenheiten wie Tal- oder Flußquerungen nur wenige Alternativrouten, so kann der öffentliche Verkehr für diese Räume meist ein sehr attraktives Angebot in Bezug zur Fahrzeit im MIV anbieten. Diese Art der räumlichen Preisdifferenzierung im öffentlichen Verkehr entspräche dem Instrument der Straßenbenutzungsgebühr im MIV. Werden die Wettbewerbsvorteile dieser Räume nicht von allen öffentlichen Verkehrsangeboten genutzt, so ist eine leistungsbezogene Preisdifferenzierung angebracht (Kapitel 3.3.4).

Eine räumliche Segmentierung anhand der Siedlungsstruktur findet auch bei herkömmlichen Tarifen in Deutschland ihre Anwendung. Bei Flächenzonentarifen wird dies z. B. durch unterschiedliche Größen der Flächenzonen oder ihrem unterschiedlichen Preis erreicht. Im Karlsruher Verkehrsverbund sind in urbanen Räumen u. a. Flächenzonen mit einer Ausdehnung von ca. 5 km zu finden, wobei in ländlichen Räumen Flächenzonen mit einer Ausdehnung von ca. 15 km vorkommen. Feinräumige Differenzierungen allerdings, die sich auf bestimmte räumliche Korridore beziehen, sind unüblich. Ohne eine automatische Fahrterfassung stellen sie sich als nicht praktikabel dar.

Eine räumliche Preisdifferenzierung ist im Bereich des öffentlichen Verkehrs nutzbar und wird bis zu einem gewissen Grad schon in Deutschland genutzt. Flexible Tarife ermöglichen die vollständige Ausschöpfung dieser Preisdifferenzierungsmöglichkeiten.

3.3.3. Zeitliche Merkmale

Eine zeitliche Preisdifferenzierung kann zum einen anhand des Fahrtzeitpunktes erfolgen. Je nach Fahrtzeitpunkt und damit nach voraussichtlicher Auslastung des Verkehrssystems wird die erbrachte Transportleistung bepreist. Dieses Merkmal wird häufig als auslastungsabhängige Bepreisung oder als peak/off-peak Tarifierung bezeichnet. Zum anderen kann die Preisdifferenzierung anhand des Kaufzeitpunkts der Fahrtberechtigung erfolgen. Häufig wird dabei die Transportleistung je nach zeitlichem Abstand zwischen dem Zeitpunkt des Erwerbs der Fahrtberechtigung und ihrer Nutzung bepreist.

3.3.3.1. Fahrtzeitpunkt

In Tabelle 3.2 sind verschiedene Bemessungszeiträume für eine Bepreisung nach Fahrtzeitpunkt aufgelistet. Dabei stellt ein Bemessungszeitraum von einem Monat nicht den größtmöglichen Zeitraum dar, aber für Angebote im ÖPV erscheinen größere Zeiträume wie das Jahr nicht sinnvoll.

Die Erfassung des Fahrtzeitpunktes und die tarifliche Wirksamkeit stellen insbesondere bei feingliedrigen Bemessungszeiträumen wie der Tageszeit hohe Anforderungen an ihre Definition. Dabei sind festzulegen:

- die Art der Berücksichtigung der zeitlichen Ausdehnung einer Fahrt,

- die Art des zeitlichen Bezugs.

Da jede Fahrt eine zeitliche Ausdehnung besitzt, ist festzulegen, ob diese Ausdehnung berücksichtigt wird oder vereinfachend nur ein Element der Fahrt zur Festlegung des Fahrtzeitpunktes dient. Im letzteren Fall kann

Tab. 3.2.: Zeitliche Bemessungsgrundlage

Bemessungsgrundlage	Beschreibung
Monat	Jahresganglinie: variierende Auslastung zwischen den Herbst-/Wintermonaten und den Frühjahr-/Sommermonaten
	Ferienzeiten: insbesondere Sommerferienzeit mit stark unterschiedlicher Auslastung im Vergleich zum übrigen Jahr
Tag	Wochenganglinie: üblicherweise höhere Auslastung an den Werktagen und geringere Auslastung am Wochenende und Feiertagen
	Veranstaltungen: z. B. Stadtjubiläen, Karneval oder Volksfeste führen zu höheren Auslastungen
Tageszeit	Tagesganglinie: üblicherweise höhere Auslastung zu den Hauptverkehrszeiten morgens und nachmittags
	Angebote in der Nacht, die besonderen Aufwand auf der Angebotsseite nach sich ziehen

dies der Zeitpunkt des Einstiegs oder des Ausstiegs sein. Im erstgenannten Fall wird die Fahrt in die entsprechenden Zeiträume aufgeteilt und es könnte mehr als ein Bemessungszeitraum zur Anwendung kommen. Es gelten somit unter Umständen andere preisliche Konditionen beim Einstieg als beim Ausstieg.

Eine weitere Festlegung betrifft die Art des zeitlichen Bezugs. Hier kann entweder die aktuelle Ortszeit oder die Fahrplanzeit Anwendung finden. Kommt die aktuelle Ortszeit zur Anwendung, so wirken sich zeitliche Abweichungen im Betriebsablauf auf die Bepreisung der Fahrt aus. Verspätete Fahrten könnten somit andere Bemessungszeiträume betreffen, als in der Fahrplanung vorgesehen. Wird die Fahrplanzeit als zeitlicher Bezug gewählt, so wird der Bemessungszeitraum anhand der geplanten Fahrtzeitpunkte festgelegt und wären unberührt von zeitlichen Abweichungen. Eine Ausnahme stellen nicht durchgeführte Fahrten dar. Hierdurch kann es wiederum zu Veränderungen in der Bepreisung im Vergleich zu der vom Kunden geplanten Reise kommen.

Eine Differenzierung nach Fahrtzeitpunkt findet auch schon in heutigen Tarifen ihre Anwendung. Für den Zeitraum eines Monats sind dies häufig Ferienangebote, die sich über die Zeit der Schulferien erstrecken. Um eine Arbitrage zu verhindern, werden diese häufig zusätzlich auf einen Personenkreis eingeschränkt. So galt das Sommerferienticket in Schleswig-Holstein des Jahres 2010 nur in den Schulsommerferien und war beschränkt auf Jugendliche unter 20 Jahren. Es gestattete die Nutzung des gesamten Nahverkehrsangebots des Bundeslands.

Für den Zeitraum eines Tags sei das sehr bekannte Schönes-Wochenende-Ticket der Deutschen Bahn AG genannt. In 2013 galt es für alle Züge des Nahverkehrs der Deutschen Bahn AG und für Dienstleistungsangebote ausgewählter Verkehrsverbünde. Im Gegensatz zur Namensbezeichnung war es aber nur an einem Tag gültig und nicht an einem Wochenende.

Auch die Stunden eines Tages werden in heutigen Tarifen zur Preisdifferenzierung genutzt. In den meisten Fallen wird dabei die einfachste Form der Differenzierung angewandt, bei der es nur eine Zeitgrenze am Tag gibt. Ein typischer Vertreter dieser Art sind Zeitkarten, die erst ab einer bestimmten Uhrzeit am Tag gültig sind. Hierunter findet man Angebote für eine rabattierte Zeitkarte, die erst ab z. B. 9 Uhr gültig ist (Karlsruher Verkehrsverbund (KVV), 2009). Oder Zeitkarten für Stundeten, die nach dem Zwei-Komponenten-Modell aufgebaut sind. Für den obligatorisch zu entrichtenden Beitrag wird dabei häufig eine Fahrerlaubnis erworben, die erst nach den Hauptverkehrszeiten, ab z. B. 19 Uhr zur Fahrt berechtigt (Schaffarzyk, 2008).

Gemein ist diesen Konzepten, dass die zusätzliche Rabattierung für Fahrten zur Nebenverkehrszeit nicht durch einen erhöhten Preis bei Fahrten zur Hauptverkehrszeit gegengerechnet wird. Die zusätzliche Rabattierung soll vielmehr durch betriebliche Einsparungen und gesteigerte Nutzungszahlen kompensiert werden. Jedoch stellen sich in den meisten Fällen keine betrieblichen Einsparungen für die ausgesparten Zeiten ein wie Petersen u. a. (2004) zeigt und die zusätzlichen Nutzungen können die gewährten Rabatte nicht vollständig kompensieren. Des weiteren lässt die bisherige Konzeption außer Acht, dass sich für die Fahrgäste während der Hauptverkehrszeit eine Angebotsverbesserung durch eine gesunkenen Nachfrage ergibt – hierbei wird angenommen, dass aufgrund der gesunkenen Nachfrage die Wahrscheinlichkeit, ein Fahrzeug mit voller Auslastung der Sitz- und Stehplatzkapazität zu benutzen, leicht sinkt.

Inwieweit die nötige Flexibilität in den Tagesplänen der ÖPV-Nutzer vorhanden ist, um den Fahrzeitpunkt außerhalb der Hauptverkehrszeit zu legen, wurde von Brög u. a. (1984) untersucht. In ihrer Befragung von ÖPV-Nutzern im Stuttgarter Verkehrssystem wurde ermittelt, inwieweit die Probanden ihre Fahrt entweder eine halbe Stunde früher oder eine halbe Stunde später durchführen könnten und damit flexibel in der Wahl ihres Fahrtzeitpunkts sind. Ohne finanzielle Anreize zu verwenden, gaben 16 % der Probanden an, flexibel zu sein.

In der Zusammenfassung von verschiedenen Untersuchungen berichtet Cervero (1985), dass der Anteil an Fahrgästen, die ihren Fahrtzeitpunkt aufgrund der Preisdifferenzierung der Hauptverkehrszeit verschieben, zwischen 0 % und 18 % liegt. Dabei wurden Untersuchungen aus verschiedenen Regionen Nordamerikas ausgewertet. Ein wesentlicher Grund für den geringen Umfang wird in der durchschnittlich höheren Zahlungsbereitschaft der Kunden gesehen, die während der Hauptverkehrszeiten Leistungen in

Anspruch nehmen. Demnach erreichen die angesetzten Preise für Fahrten zur Hauptverkehrszeit vielfach nicht die vorhandene Zahlungsbereitschaft. Somit ergeben sich nur geringe monetäre Anreize, den Fahrtzeitpunkt zu verschieben.

Ebenfalls von Gillen (1994) wird angemahnt, dass die zeitlichen Verschiebungen des Fahrtzeitpunktes in nur begrenztem Umfang stattfinden. Aus seiner Erfahrung ist die Elastizität einer zeitlichen Verschiebung in der Regel doppelt so hoch wie die Preiselastizität. Insbesondere werden zeitliche Verschiebungen nur dann in nennenswerter Größenordnung stattfinden, wenn der Zeitumfang der Hauptverkehrszeit klein ist und ein Ausweichen für viele Fahrgäste möglich ist, ohne dass sie ihren Tagesablauf neu zu organisieren haben.

Aktuelle Studien von Lathia u. Capra (2011) auf Basis von Daten des Londoner Verkehrssystems bestätigen die nur geringen Potentiale einer zeitlichen Verschiebung der Fahrt.

Auch wenn der Umfang der zeitlichen Verschiebung klein ist, kann er dennoch die größten Nachfragespitzen dämpfen helfen und zu einer Qualitätsverbesserung beitragen. So zeigen SP-Untersuchungen von Whelan u. Crockett (2009) für den SPNV in England eine Veränderung der Wahrnehmung der Beförderungszeit bei Steigerung der Auslastung auf ein Maximum. Stieg bei den Befragungen die Stehplatzauslastung des Fahrzeugs von 0 Personen pro m^2 auf 6 Personen pro m^2, so wuchs die gefühlte Beförderungszeit für sitzende Fahrgäste von 1,0 auf 1,6 und für stehende Fahrgäste von 1,5 auf 2,0. Der Großteil der befragten Probanden waren Pendler, die den SPNV regelmäßig benutzen und vor allem zu den Hauptverkehrszeiten unterwegs waren.

Ein flexibler Tarif ermöglicht zum einen eine komplexere Differenzierung des Fahrtzeitpunkts und kann mehrere Hauptverkehrszeiten abbilden. Zum anderen kann eine Spreizung des Nutzungsentgelts erfolgen, bei der die Angebotsverbesserungen während der Hauptverkehrszeit den Nutzern in Rechnung gestellt werden.

Ebenfalls in diesem Zusammenhang stellt sich die Unterwanderung der Gültigkeitsgrenzen dar (Müller u. Reinhold, 2005). Wie zu beobachten ist, werden zeitliche Grenzen sowohl von Kunden ohne als auch mit Zeitkarte ausgehöhlt. Der vorhandene Fahrschein, der für den Großteil der Fahrzeit gültig ist, dient hierbei als Gewissensberuhigung. Die Tatsache, dass aber in Wirklichkeit ein höherpreisiges Angebot in Anspruch genommen wird, wird dabei vernachlässigt. Die schnelle und exakte Überprüfung der Fahrtberechtigung bei EFM-Systemen verhindert diese Unterwanderung der zeitlichen Gültigkeit.

3.3.3.2. Kaufzeitpunkt

Bei einer Preisdifferenzierung anhand des Kaufzeitpunkts kann nach Art des Zeitbezugs weiter differenziert werden:

- relativer Zeitbezug zum Zeitpunkt der Inanspruchnahme und

- absoluter Zeitbezug.

Umgangssprachlich wird bei dieser Art der Preisdifferenzierung häufig von einem Frühbucherrabatt gesprochen. Dies trifft in den meisten Fällen zu, allerdings gilt das nicht für alle Arten der Preisdifferenzierung nach Kaufzeitpunkt mit absolutem Zeitbezug wie im Folgenden dargestellt wird. Wesentliche Grundlage für die meisten Arten dieser Preisdifferenzierungen bildet die Festlegung des Kunden auf einen Nutzungszeitpunkt. Denn nur wenn der Zeitpunkt der Inanspruchnahme festgelegt ist, lässt sich eine Differenzierung nach Kaufzeitpunkt mit relativem Bezug zum Nutzungszeitpunkt sinnvoll anwenden.

Bei Anwendung eines relativen Zeitbezugs wird der Preis anhand des zeitlichen Abstands vom Kaufzeitpunkt zum Nutzungszeitpunkt variiert. Dabei korreliert der Preis negativ zum Abstand zwischen Kauf- und Nutzungszeitpunkt: je geringer der zeitliche Vorlauf zur Nutzung ist, desto höher der Preis der Transportdienstleistung.

Im Personenfernverkehr wurde seit 2002 von der Deutschen Bahn AG eine Preisdifferenzierung mit relativem Zeitbezug zum Nutzungszeitpunkt angewendet. Dabei wurden anfänglich drei Stufen der Reduzierung des Fahrpreises von 10 %, 25 % und 40 % bei einem zeitlichen Abstand von einem, drei und fünf Tagen zum Nutzungszeitpunkt angesetzt (Seeringer, 2010) und unter dem Slogan "Plan&Spar" vermarktet. Diese drei zeitlichen

Fristen wurden kurze Zeit später auf eine Frist von drei Tagen zusammengefasst und zusätzlich kontingentiert.

Bei Nutzung eines absoluten Zeitbezugs wird häufig anhand einer im Voraus festgelegten Frist differenziert. Reiseveranstalter bieten Rabatte auf ihre Dienstleistungen an, wenn sie nach Erscheinen der Kataloge bis zu einem festgelegten Termin erworben werden.

Der Zeitbezug kann aber auch wiederkehrender Natur sein wie z. B. der Wochentag. So wird bei nordamerikanischen Fluggesellschaften eine Preisdifferenzierung nach Wochentag durchgeführt, wie Puller u. Taylor (2012) zeigen.

Sie kontrollieren bei ihrer Untersuchung nach der Anzahl an Tagen in denen im Voraus das Ticket gekauft wurde, dem Wochentag des Fluges, nach dem überwiegenden Reisezweck der Fluggäste, nach der Auslastung des Fluges und nach diversen Restriktionen des gekauften Tickets wie der Stornierbarkeit, dem Zwang einer Übernachtung oder dem Einschluss von mindestens einem Samstag zwischen Hin- und Rückflug etc. Ihr Analysen weisen einen Preisunterschied von 5 % aus zwischen Tickets, die an einem Wochentag gekauft wurden im Vergleich zu Tickets, die am Wochenende gekauft wurden.

Sie begründen dies mit den dominierenden Reisezwecken und den damit verbundenen unterschiedlichen Zahlungsbereitschaften: Flugreisen aus beruflichen Gründen werden vorwiegend an Werktagen gebucht und für sie liegt die Zahlungsbereitschaft höher als für Flugreisen aus privaten Gründen. Diese erhöhte Zahlungsbereitschaft kann durch eine Differenzierung nach Kaufzeitpunkt mit absolutem Zeitbezug selbst auf Relationen abgeschöpft werden, auf denen ein Mix an beruflich als auch privat motivierten Flugreisen stattfindet.

Im Nahverkehr findet eine Preisdifferenzierung anhand des Kaufzeitpunkts bisher keine Anwendung. Alle Arten der Preisdifferenzierung ließen sich mit flexiblen Tarifen in EFM-Systemen zwar abbilden, inwiefern sie sinnvoll sind wäre allerdings genauer zu betrachten. So erscheint eine im Vorhinein getroffene Festlegung auf Fahrplanfahrten aufgrund der hohen Taktdichten im Nahverkehr für den Kunden als nicht praktikabel. Selbst eine denkbare Festlegung auf ein Datum widerspricht der angestrebten variablen Nutzungsmöglichkeit von Bus&Bahn. Wird allerdings die in Anspruch genommene Dienstleitung als Paket betrachtet z. B. in Form von Zeitkarten oder Kilometerkontingenten, so erscheint eine Differenzierung anhand des Kaufzeitpunkts möglich.

3.3.4. Leistungsbezogene Merkmale

Die Preisdifferenzierung beruht hierbei auf Leistungsunterschieden bei der erbrachten Dienstleistung. Als Maß der Leistung kommen in der Regel Qualitätskriterien wie Komfort, Aktualität, Schnelligkeit oder Exklusivität zur Anwendung. Dabei können nur solche Leistungsunterschiede als Preisdifferenzierung genutzt werden, die auch vom Kunden erkannt werden. Des weiteren muss die Nutzendifferenz auf Kundenseite größer sein als die festgelegte Preisdifferenz. Als Beispiel seien hier die unterschiedlichen Preise in der Logistik genannt, je nach Schnelligkeit der Lieferung. So verlangte DHL im Jahre 2013 für einen Expressversand eines Pakets von Deutschland nach Nordamerika einen ungefähr 5-fach höheren Preis, bot dafür eine Lieferzeit im Luftfrachtverkehr von 1-2 Werktagen im Vergleich zum Versand auf dem Seeweg mit einer Lieferzeit von 23 Wochen.

Im öffentlichen Verkehr wird auch in herkömmlichen Tarifen eine leistungsbezogene Preisdifferenzierung angewandt: ein prominentes Beispiel hierfür ist die Wagenklasse. Den höheren Komfortmerkmalen der 1. Klasse gegenüber der 2. Klasse werden höhere Preise zugeordnet. In flexiblen Tarifen bestehen weitere Möglichkeiten der Preisdifferenzierung, da bei der automatischen Fahrterfassung alle auf die Fahrt bezogenen Leistungsmerkmale erfasst werden können.

Neben fahrzeugbezogenen Leistungsmerkmalen sind weiterer Merkmale im Bezug vom Verkehrsangebot denkbar. So kann auf Basis der Fahrzeit eine leistungsbezogene Preisdifferenzierung erfolgen: Fahrten, die aufgrund einer speziellen Route oder durch das Auslassen von Halten eine verkürzte Fahrzeit bieten, den sog. Express-Fahrten, kann ein höherer Preis zugeordnet werden. Unterschiedliche Fahrzeiten werden auch von den Kunden sehr deutlich wahrgenommen. So kommt Cervero (1990) in seiner vergleichenden Studie von mehreren Untersuchungsergebnissen zu dem Schluss, dass die Elastizität in Nordamerika bezüglich der Fahrzeit doppelt so hoch ist wie die Elastizität bezüglich des Preises.

Ebenfalls kann auch auf Basis der generellen Netzqualität eine leistungsbezogene Preisdifferenzierung erfolgen. Für Deutschland sind hierzu Kenngrößen für die Bewertung der verbindungsbezogenen Angebotsqualitäten in der Richtlinie für integrierte Netzgestaltung (RIN) dargestellt (Forschungsgesellschaft für Straßen- und Verkehrswesen, 2008). Relevante Kriterien für den öffentlichen Verkehr sind Zeitaufwand, Direktheit, Sicherheit, Kosten, Zuverlässigkeit, Komfort und zeitliche Verfügbarkeit, wobei nur die Kriterien Zeitaufwand und Direktheit als Kenngrößen für die Angebotsqualität in der RIN genutzt werden. Angebote mit höhere Netzqualität können dementsprechend höher bepreist werden als Angebote mit geringerer Netzqualität.

Als weiteres Beispiel seien Fahrten genannt, die im Rahmen eines Nachtverkehrsangebots erbracht werden. Werden sie durch eine angebotsseitige Kennung, z. B. anhand der Liniennummer, eindeutig als Nachtverkehrsangebot für den Kunden ersichtlich, so kann dieses Merkmal als Preisdifferenzierung herangezogen werden.

Wie im letzten Beispiel ersichtlich ergibt sich bei der leistungsbezogenen Preisdifferenzierung häufig ein fließender Übergang zu räumlichen und zeitlichen Merkmalen (Kapitel 3.3.2 und 3.3.3). Eine Preisdifferenzierung eines Nachtverkehrsangebots kann ebenfalls über zeitliche Merkmale erfolgen. Kann bei Express-Fahrten eine Fahrzeitverkürzung nicht auf dem gesamten Fahrtweg erreicht werden sondern nur in einzelnen Räumen, so kann der Qualitätsunterschied besser durch räumliche Merkmale differenziert werden.

3.3.5. Mengenbezogene Merkmale

Je nach abgenommener Menge der angebotenen Dienstleistung wird der Preis je Einheit festgelegt. Grundlage dieses Vorgehens ist die Beobachtung, dass der Grenznutzen mit zunehmendem Verbrauch für den Kunden abnimmt. Für den öffentlichen Verkehr wurde dies in verschiedenen Untersuchungen gezeigt (TEWET, 2000; Stammler, 2005).

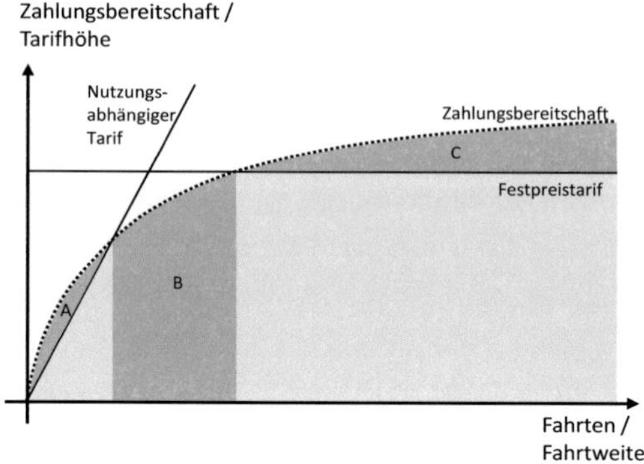

Abb. 3.2.: Zahlungsbereitschaftsfunktion

Eine prinzipielle Zahlungsbereitschaftsfunktion ist in Abbildung 3.2 dargestellt. Die Funktion der Zahlungsbereitschaft ist nicht linear sondern zeichnet sich durch eine fallende Steigung mit zunehmendem Konsum aus. Hat der Kunde schon innerhalb eines Zeitraumes eine gewisse Menge an Fahrten getätigt, so liegt seine Zahlungsbereitschaft für eine weitere Fahrt unter dem Preis für die erste Fahrt. Der exemplarisch dargestellte nutzungsabhängige Tarif stellt stellt keine mengenbezogene Preisdifferenzierung dar; jede Einheit wird zum selben Preis angeboten und die Preisfunktion hat somit eine konstante Steigung. Der Festpreis-Tarif kann als eine extreme Möglichkeit der mengenbezogenen Preisdifferenzierung angesehen werden, bei dem ein Mengenrabatt von 100 % gewährt wird.

Beschränkt sich die mengenbezogene Preisdifferenzierung also nur auf eine Option mit Festpreis, so ergeben sich die Bereiche A, B und C unterhalb der Zahlungsbereitschaftsfunktion, die durch die angebotenen Tarife nicht erreicht werden. In den Bereichen A und C werden nur Teile der Zahlungsbereitschaft nicht erreicht. In dem Bereich B allerdings findet keine Inanspruchnahme der Leistung statt, da die Zahlungsbereitschaftsfunktion unterhalb der Preisfunktionen der Tarife liegt. Flexible Tarife können hier weitere Möglichkeiten der mengenbezogenen Preisdifferenzierung eröffnen, um die Zahlungsbereitschaft in allen Bereichen zu erreichen.

Im Folgenden werden die Arten der mengenbezogenen Preisdifferenzie-

Tab. 3.3.: Räumliche Bemessungsgrundlage

Bemessungs-grundlage	Beschreibung
Luftlinie	Luftlinienentfernung (euklidische Distanz) zwischen Einstiegs- und Ausstiegshaltestelle. Zentraler Punkt einer Haltestelle dient als Referenz.
Wegstrecke	Die Strecke der genutzten Route. Zentraler Punkt einer Haltestelle dient als Referenz. Die übliche Entfernung im Straßennetz.
Relation	Ein definierte Entfernung zwischen Haltestellen.
Haltestellen / Wegsegmente	Die Anzahl an passierten Haltestellen. Die Anzahl an passierten Wegsegmenten zwischen den Haltestellen.
Flächenzonen	Die Anzahl an durchfahrenen Flächenzonen.

rung nach Faßnacht (1998), Skiera (1999) und Vugdalic (2004) dargestellt. Mengenbezogene Merkmale können sowohl innerhalb einer Fahrt, als auch für eine Fahrtenmenge zur Anwendung kommen.

3.3.5.1. Bemessungsgrundlage

Die Bemessungsgrundlage definiert, wie die Menge der in Anspruch genommenen Transportleistung gemessen wird. Im Verkehrssektor kommen hierbei räumliche und zeitliche Bemessungsverfahren zur Anwendung.

Räumliche Bemessung Je nach räumlicher Ausdehnung der erbrachten Leistung, der Fahrtweite, wird der Preis festgesetzt. Dies wird in qualitativen Studien sowohl von Gelegenheits- als auch von Stammkunden als ein sehr naheliegendes und akzeptiertes Merkmal vorgebracht (GfK Group, 2003). Ebenfalls führt eine größere Fahrtweite im motorisierten Individualverkehr zu höhere Transportkosten.

In Tabelle 3.3 sind verschiedene räumliche Bemessungsgrundlagen aufgeführt. Die Bemessung anhand der Luftlinienentfernung ist eindeutig und ändert sich nur, wenn die Lage der Haltestellen verändert wird. Eine Veränderung der Route im öffentlichen Verkehrssystem, z. B. durch eine angepasste Infrastruktur, bleibt ohne Auswirkung. Allerdings entspricht die Luftlinienentfernung nicht immer den Erfahrungswerten der Menschen. Insbesondere bei natürlichen Hindernissen wie Flüssen, Bergen oder Tälern wird der zurückzulegende Umweg schon in die gefühlte Entfernung eingerechnet. Dieser intuitiv berücksichtigte Umweg ist auch im Verkehrsnetz zurückzulegen und muss vom Dienstleiter erbracht werden, er findet aber in der Bemessung nach Luftlinienentfernung u. U. keine Berücksichtigung.

Eine Bemessung anhand der Wegstrecke der Route integriert zurückzulegende Umwege aufgrund von natürlichen Hindernissen, schließt aber auch Umwege aufgrund von planerischen Überlegungen in der Angebotsgestaltung ein. Häufig verlaufen die Routen in öffentlichen Verkehrsnetzen nicht entlang des kürzesten Weges von einer Endhaltestelle zur anderen. Des Weiteren ändern sich Entfernungen und damit die Preise bei Modifikationen am Verkehrsnetz oder Anpassungen der Infrastruktur. Ebenso ist bei Anwendung der Wegstrecke darauf zu achten, dass hierdurch keine falschen planerischen Anreize zur indirekten Routenführung entstehen. Dies könnte sich für den Fahrgast doppelt negativ darstellen: höherer Fahrpreis bei längerer Fahrzeit.

Die Bemessungsgrundlage Relation lässt Raum für individuelle Anpassungen der Entfernungswerte. Für jede Kombination von Haltestellenpaaren werden Entfernungen definiert. Hierdurch wird zum einen die Bemessungsgrundlage von der realen Situation entkoppelt. Änderungen im Routenverlauf oder Anpassungen an der Infrastruktur haben keinen zwingenden Einfluss auf die zur Bemessung genutzte Entfernung. Zum anderen können Umwege, die durch natürliche Hindernisse bedingt sind, bei der Bemessung berücksichtigt werden. In Bezug zur Nachvollziehbarkeit durch den Kunden kann sich die Beliebigkeit der Festsetzung negativ auswirken, da sie von der realen Situation scheinbar zufällig abweichen kann.

Darüber hinaus entstehen in verknüpften Netzen für einen auf Relationen basierenden Tarif viele Restriktionen, wenn dieser frei von Widersprüchen

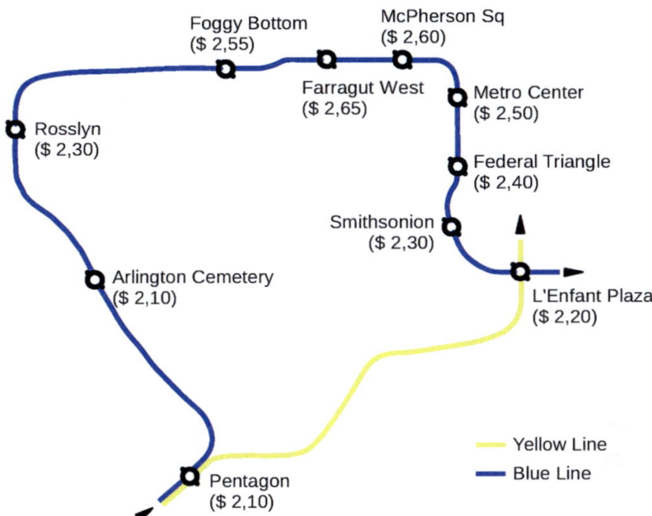

Abb. 3.3.: Fahrpreise ausgehend von der Station "Ronald Reagan Washington National Airport" der Metro Washington, DC

sein soll. Unter Widerspruchsfreiheit ist dabei gemeint, dass:

- der Preis stetig steigt mit der Länge der Relation und

- ein Unterlaufung des Tarifs nicht möglich ist.

Soll diese Widerspruchsfreiheit erreicht werden, können sich die Gestaltungsspielräume eines auf Relationen beruhenden Tarifs gegenüber einem Tarif, der nur abhängig von der Wegstrecke ist, als sehr gering erweisen. Von einer Unterlaufung des Tarifs wird in diesem Zusammenhang gesprochen, wenn:

- durch eine Stückelung der Relation ein niedrigerer Gesamtpreise erreicht werden kann oder

- durch den Kauf einer längeren Relation, die über den Ein- oder Ausstiegspunkt hinausgeht, ein günstigerer Preis für die eigentlich nachgefragte Relation möglich ist.

In Nahverkehrsnetzen können auf Relationen basierende Tarife zu scheinbar sinkenden Preisen bei einer Verlängerung der Fahrt führen, da die genommene Route im Verkehrsnetz üblicherweise nicht vorgegeben wird. In Abbildung 3.3 ist ein Ausschnitt des Metro Netzes der Washington Metropolitan Area Transit Authority (WMATA) abgebildet. Es sind die Preise für Fahrten ausgehend von der Station Ronald Reagan Washington National Airport über die Station Pentagon bis zur Station L'Enfant Plaza angegeben. Ziele der Relationen, die über die Station Pentagon hinausgehen, können entweder über die blaue Linie alleine oder über die gelbe Linien mit evtl. Umstieg in die blaue Linie erreicht werden. Für Fahrten entlang der blauen Linien ergeben sich ab der Station Farragut West bis zur Station L'Enfant Plaza sinkende Preise.

In Verkehrssystemen, in denen die zu fahrende Route vorgegeben werden kann, können sinkende Preise verhindert werden. Dies ist üblicherweise in Fernverkehrsnetzen der Fall.

Eine weitere Möglichkeit einer räumlichen Bemessungsgrundlage liegt in der Messung der Anzahl passierter Haltestellen, der traversierten Wegsegmente oder der Anzahl durchfahrener Flächenzonen. Hierbei erfolgt eine Vereinheitlichung der Raumabstände. Die real unterschiedlichen Entfernungen werden nur grob berücksichtigt. Insbesondere bei Flächenzonen können große absolute Preissprünge an den Grenzen entstehen. Des weiteren erscheint der Verlauf der Flächenzonengrenzen meist willkürlich.

Die Bemessungsgrundlage Flächenzone wird in Deutschland bei herkömmlichen Tarifen vorwiegend verwendet. Die Flächenzonen werden dabei meistens als Waben oder Ringe ausgeführt. Sie stellt einen Kompromiss zwischen Nutzungsabhängigkeit und Handhabbarkeit für den Kunden dar. Deutlich unterschiedliche Fahrtweiten resultieren in unterschiedlichen Preisen. Die für die Preisermittlung relevanten Flächenzonen können meist an einer Hand abgezählt werden. Bei einer flexiblen Nutzung des Systems und vor allem bei nur geringer Ortskenntnis lässt die Handhabbarkeit für den Kunden allerdings schnell nach (König, 2012). In ländlichen Räumen mit nur kleinen Gemeinden und Städten sind entfernungsabhängige Tarife üblich. Hier bestehen nur selten verschiedene Routen auf einer Relation und Verkehre innerhalb der Gemeinde treten in der Regel nicht auf.

Flexible Tarife erweitern maßgeblich die Möglichkeiten bei der räumlichen Bemessung. Sowohl die Bemessungsgrundlagen Luftlinie, Wegstrecke als auch die der Relation sind ohne eine automatische Fahrterfassung nicht praktikabel. In qualitativen Studien wird der Bemessungsgrundlage Luftlinie häufig ein hohes Gewicht beigemessen. Die Möglichkeit nur noch die tatsächlich in Anspruch genommene Leistung zu bepreisen, suggeriert allerdings Einsparpotentiale, die wahrscheinlich nicht gerechtfertigt sind (Schweiger, 2012). Kunden wähnen sich eher auf der Seite derer, die durch Preissprünge an Grenzen von Flächenzonen benachteiligt werden, als auf der Seite derer, die davon profitieren.

Zeitliche Bemessung Je nach zeitlicher Dauer der erbrachten Leistung, der Fahrtdauer, wird der Preis festgesetzt. Für Dienstleistungen im Personenverkehr war eine zeitliche Bemessung nur im Bereich der Mietwagen gebräuchlich. Seit den 1990er Jahren findet eine zeitliche Bemessung auch bei Leihfahrrädern und Carsharing-Fahrzeugen statt.

Im Gegensatz zu heutigen Tarifen in Deutschland wäre eine zeitliche Bemessung der Fahrtdauer mit flexiblen Tarifen möglich. Jedoch erscheint eine solche Bemessungsgrundlage nur in Hinsicht intermodaler Angebote aus heutiger Perspektive für betrachtenswert. Hier entstünde durch eine einheitliche Bemessungsgrundlage bei kombinierter Nutzung von öffentlichen Verkehrsmitteln und Leihfahrrädern oder Carsharing-Fahrzeugen möglicherweise ein Vorteil. Besondere Beachtung ist dabei der konterkarierenden Wirkung in Bezug zum leistungsbezogenen Merkmal der Fahrgeschwindigkeit zu schenken. Je höher die Fahrgeschwindigkeit des Verkehrsmittels je schneller kann das Ziel erreicht werden und um so geringer wäre die zu bepreisende Fahrtdauer. Dies widerspricht dem Grundsatz, dass ein schnellerer Transport mit höheren Fahrgeschwindigkeiten einen höheren Aufwand nach sich zieht und eine höherwertige Transportleistung darstellt, die dementsprechend höher zu bepreisen ist.

Zusammenfassend erscheint daher ein räumlicher Bezug als Bemessungsgrundlage für Transportleistungen im ÖPV besser geeignet.

3.3.5.2. Durchgerechneter Mengenrabatt

In Abhängigkeit von der in Anspruch genommenen Menge wird der Preis pro Einheit reduziert. Dabei erfolgt die Preisreduzierung für die Gesamtheit der bezogenen Einheiten. Die Preisreduzierung wird üblicherweise in Schritten vorgenommen und erfolgt nicht kontinuierlich. Häufig werden die unterschiedlichen Preise je Einheit in Rabattstaffeln angegeben. Als Beispiel seien Parkkosten in einem Parkhaus genannt: für eine Parkdauer von 1 Woche werden 45 € verlangt. Für eine Parkdauer von 2 Wochen hingegen 75 €, was einem Rabatt von ca. 17 % entspricht. Gesamtwirtschaftlich gesehen ist der durchgerechnete Mengenrabatt sowohl bei Produkten als auch bei Dienstleistungen die häufigste Form der mengenbezogenen Preisdifferenzierung.

Auch im Bereich des ÖPV wird in Deutschland der durchgerechnete Mengenrabatt angewandt. Dies geschieht häufig in der Form von Mehrfahrtenkarten. Die Verbundgesellschaft Region Braunschweig bot 2013 z. B. einen Einzelfahrschein für die Preisstufe 1 von 2,30 €, eine 4-er Karte für jeweils 2,10 € pro Fahrt und eine 10-er Karte für jeweils 2,00 € pro Fahrt an. Somit bot die 4-er Karte einen Rabatt von ca. 9 % und die 10-er Karte von 13 %. Problematisch bei dieser Art des Angebotes bleibt die vordefinierte Leistung der einzelnen Fahrt. Diese ist schon beim Kauf des Fahrausweises auf bestimmte Relationen beschränkt.

Wesentliche Freiheitsgrade werden hier durch flexible Tarife gewonnen, die z. B. den Erwerb eines Kontingents an Leistungseinheiten ermöglichen. Je nach Größe des Kontingents werden Mengenrabatte gewährt. Der Kunde kann das Kontingent an Transportkilometern flexibel auf verschiedene Relationen anwenden. Des Weiteren kann das Kontingent größere Volumina umfassen, ohne Einbußen der Praktikabilität auf Kundenseite.

3.3.5.3. Angestoßener Mengenrabatt

Beim angestoßenen Mengenrabatt wird wie beim durchgerechneten Mengenrabatt eine Preisreduzierung je Einheit in Abhängigkeit der in Anspruch genommenen Menge vorgenommen, allerdings wird die Preisreduzierung nur auf die weiteren Mengen angewandt und nicht auf die Gesamtmenge.

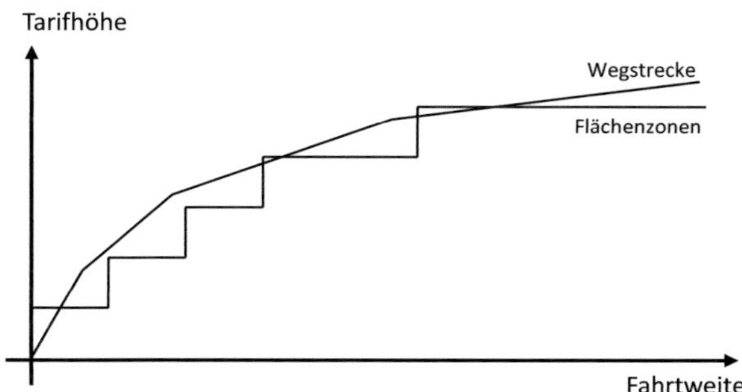

Abb. 3.4.: Angestoßener Mengenrabatt

Als Beispiel seien Provisionskosten für die Vermittlung einer Immobilie genannt: für die Monate 1–3 fallen 0,2 Monatsmieten an, für die Monate 4–9 jeweils 0,1 Monatsmieten.

Der angestoßene Mengenrabatt wird auch im ÖPV in Deutschland angewandt. Dies geschieht vorwiegend bei der Anwendung einer räumlichen Bemessungsgrundlage auf Basis eines Flächenzonentarifs. Ab einer bestimmten Anzahl durchfahrener Zonen wird ein Rabatt von 100 % gewährt; weitere durchfahrene Zonen werden nicht mehr bepreist.

Wie beim durchgerechneten Mengenrabatt ergibt sich durch flexible Tarife auch für angestoßene Mengenrabatte eine wesentlich höhere Flexibilität. Bei herkömmlichen Tarifsystemen ist die Anzahl an Rabattschritten stark begrenzt. Bei einem Flächenzonentarif kann für jede Rabattstufe eine größere Anzahl von Flächenzonen zusammengefasst werden. Die Systematik ist in Abbildung 3.4 dargestellt. Flexible Tarife bieten die Möglichkeit einer feineren und individualisierten Verteilung der Rabattschritte.

3.3.5.4. Bonusprogramme

Bonusprogramme dienen dazu, Kunden zu einem loyalen Verhalten gegenüber dem Dienstleister zu motivieren. Sowohl bei Produkten als auch bei Dienstleitungen haben sie im Rahmen des Relationship-Marketings in Deutschland seit den 1990er Jahren Einzug erhalten. Meistens wird die Mitgliedschaft in einem Bonusprogramm durch eine Kundenkarte in Scheckkarten-Größe dokumentiert. Mitglieder erhalten häufig entweder einen besonderen Rabatt oder können Punkte sammeln, die gegen Produkte oder Dienstleistungen eingetauscht werden können. Als Beispiel sei hier das Bonusprogramm "bahn.bonus" der Deutschen Bahn AG genannt. Bei jedem Kauf einer Fahrkarte über mindestens fünf Euro wird pro Euro aufgerundetem Umsatz je ein Prämien- und Statuspunkt gutgeschrieben. Die Prämienpunkte können entweder bei der Deutschen Bahn AG oder einem der Partner eingelöst werden.

Bonusprogramme werden in Deutschland im ÖPV bisher nur von der Deutschen Bahn AG angewandt. Hierbei ausgenommen sind Programme zur Werbung von Neukunden, bei denen Prämien für die Werbung eines Neukunden ausgegeben werden. Diese Programme finden schon heute im ÖPV in Deutschland Anwendung.

Flexible Tarife basieren auf der elektronischen Erfassung von Fahrten und setzen diese zumindest in Bezug zu einem Nutzermedium. Auch wenn keine Person dem Nutzermedium zugeordnet werden kann, so lassen sich Bonusprogramme auf Basis des Nutzermediums in flexiblen Tarifen integrieren. Angefangen von Freifahrten, die nach Abnahme einer gewissen Menge gewährt werden, über das Sammeln von Prämienpunkten, dem Austausch von Freifahrten oder Prämien mit anderen Kunden bis hin zur Anerkennung von ÖPV-Nutzungen in anderen Tarifräumen oder Verkehrsunternehmen ergibt sich eine ganze Palette an Möglichkeiten.

Hierbei nicht eingerechnet sind die Möglichkeiten der direkten Kundenansprache im Rahmen eines Customer-Relationship-Management-Programms, da dieses nicht als Bestandteil eines Tarifes anzusehen ist und somit nicht im Fokus dieser Arbeit steht.

3.3.5.5. Zweiteiliger Tarif

Ein zweiteiliger Tarif besteht aus einem Grundbetrag und einem Leistungsbetrag. Der Grundbetrag ist einmalig in der Abrechnungsperiode zu entrichten und entspricht einer erteilten Zulassung zur Nutzung. Der Leistungsbetrag ist ein fester Preis pro Einheit. Üblicherweise nutzen Wasser-, Strom-, und Gasversorger einen zweiteiligen Tarif. Hierbei wird der Grundbetrag häufig als Anschlusspreis bezeichnet und der Leistungsbetrag als Arbeitspreis.

Wird mit der Entrichtung des Grundbetrags auch schon ein gewisses Nutzungsrecht erworben, so spricht man häufig von einem Tarif mit Mindestumsatz. Hierbei wird ein Teil des Grundbetrags als Guthaben geführt. Genutzte Dienstleistungen werden zunächst mit dem Guthaben verrechnet. Erst wenn das Guthaben erschöpft ist, fallen weitere Kosten an. Als Beispiel seien Tarife im Telekommunikationsmarkt genannt, in dem vor allem bei Call-by-Call Diensten in den 1990ern und 2000ern Tarife mit Mindestumsätzen angeboten wurden.

Das Konzept des Mindestumsatzes ist somit eine Sonderform des Zweiteiligen Tarif. In den letzten Jahren wird das Konzept auch häufig als bucket pricing plan beschrieben Schlereth u. Skiera (2012). Die mit dem Grundbetrag erworbenen Nutzungsrechte werden dann als allowance bezeichnet.

Die klassische Form eines zweiteiligen Tarifs wird im Personenverkehr durch die Deutschen Bahn AG seit 1992 eingesetzte. Mit dem Grundbetrag erwirbt der Kunde hier eine BahnCard, der Leistungsbetrag wird dann bei Inanspruchnahme einer Transportleistung fällig. Da die Deutsche Bahn AG ihre Transportleistung auch für Kunden ohne BahnCard anbietet, muss sie einen Anreiz schaffen, dass Kunden die BahnCard Option nutzen. Dies geschieht durch einen vergünstigten Leistungspreis, der nur BahnCard Inhabern angeboten wird. Das Angebot ist hauptsächlich auf Kunden ausgerichtet, deren Nutzungshäufigkeit sich im Bereich B in Abbildung 3.2 befindet. Nach nur wenigen Fernverkehrsfahrten amortisieren sich die Anschaffungskosten der BahnCard aufgrund des günstigeren Leistungspreises. Bei dieser Nutzungshäufigkeit lohnen sich die angebotenen Tarife mit Festpreis in der Regel noch nicht.

Die Möglichkeiten der Preisdifferenzierung mit Hilfe zweiteiliger Tarife im Nahverkehr wird erst durch flexible Tarife praktikabel. Damit ein Leistungsbetrag angesetzt werden kann, ist die Erfassung einer jeden Fahrt nötig. Werden die angebotenen Tarife mit Festpreis durch Zweiteilige Tarife mit gestaffelten Grundbeträgen ersetzt, so würde die Zahlungsbereichtschaft erreicht, die in Abbildung 3.2 in Bereich C dargestellt ist. Heutige

Zeitkarten können aufgrund des fehlenden Leistungsbetrags diesen Bereich i. d. R. nicht erreichen.

Aus Kundensicht erscheint die Investition in einen Tarif mit Grundbetrag, wie er bei Zeitkarten fällig wird, häufig als nicht lohnenswert, wenn die Gewinnschwelle nicht deutlich überschritten wird. Bemühungen, diesen Grundbetrag für den Nahverkehr wesentlich zu senken und dadurch für Gelegenheitskunden attraktiv zu machen, wurden im Tarifkonzept Vorteil25 im Hamburger Verkehrsverbund verfolgt. Die Konzeption war vergleichbar mit dem Konzept der BahnCard der Deutschen Bahn AG, konnte aber nicht die angestrebte Resonanz finden (Hamburger Verkehrs Verbund (HVV), 2012).

3.3.5.6. Dreiteiliger Tarif

Ein dreiteiliger Tarif besteht aus einem Grundbetrag, einem pauschalen Nutzungsbetrag und einem Leistungsbetrag. Der im Vergleich zum zweiteiligen Tarif zusätzliche Nutzungsbetrag ist bei jeder Nutzung einmalig zu entrichten. Als Beispiel sei ein Internetdienstleister genannt, der für die grundlegende Bereitstellung eines Servers einen Grundbetrag verlangt, für jede Domain einen Nutzungsbetrag und pro Datenvolumenpaket einen Leistungsbetrag.

Dreiteilige Tarife finden im ÖPV in Deutschland keine Anwendung. Flexible Tarife ermöglichen die Einführung dreiteiliger Tarife. Die Grundintention, Zahlungsbereitschaften zu erreichen, die durch eine Zeitkarte in herkömmlichen Tarifen nicht möglich waren, bleibt wie im vorigen Abschnitt beschrieben dieselbe. Der Nutzungsbetrag kann im ÖPV als fahrtbezogen angenommen werden und würde das Preisniveau für die gesamte Fahrt anheben. Dadurch ergäbe sich ein höherer Kilometerpreis für kurze Fahrten im Vergleich zu längeren.

3.3.5.7. Preispunkte

Bei Preispunkten erfolgt die Festsetzung des Preises für diskrete Abnahmemengen. Anders als bei den übrigen mengenbezogenen Preisdifferenzierungen gelten die Preise nur für eine vorher definierte Nachfragemenge. Als

Beispiel seien die Preise eines Fahrradverleihers genannt, der für 1 Stunde 5 € verlangt, für 5 Stunden 15 € und für einen Tag 25 €.

Im Bereich des ÖPV sind Preispunkte schon heute in Deutschland anzutreffen: für die Abnahme von zwölf Zeitkarten jeweils für einen Monat wird nur der Preis von zehn Monatszeitkarten verlangt. Ähnliche Systematiken sind ebenfalls bei flexiblen Tarifen denkbar. Auch hier ergibt sich zwar eine größere Flexibilität, doch aus heutiger Sicht ist keine besondere Wirkung hieraus auf den Kunden zu erwarten. Die Hinzunahme von vielen diskreten Preispunkten wird eher eine Unübersichtlichkeit fördern, als besondere Anreize setzen.

3.3.5.8. Gruppenbildung

Bei einer Gruppenbildung erfolgt die Festsetzung des Preises anhand der Anzahl an Personen in der Gruppe. Dabei korrelieren Gruppengröße und Preis negativ miteinander. Häufig wird die mengenbezogene Preisdifferenzierung anhand der Gruppengröße auch als Mehrpersonenpreisbildung bezeichnet. Als Beispiel seien hier die Tarife von Museen genannt, die in der Regel für Gruppen reduzierte oder pauschale Preise anbieten.

Im Verkehrssektor spielt die mengenbezogene Preisdifferenzierung anhand der Gruppengröße in Hinblick auf den MIV eine wichtige Rolle. Die Kostenstruktur des MIV enthält deutliche Anreize für die Mitnahme von mehrere Personen, da die variablen Kosten pro zusätzlicher Person nur geringfügig steigen. Die Kosten pro Person im MIV sinken also mit jedem weiteren Mitfahrer deutlich. Die Bedeutung der Preisdifferenzierung anhand der Gruppengröße konnte von Seeringer (2010) für den Fernverkehr nachgewiesen werden. In der Befragung von Bahnreisenden zu den verschiedenen Preissystemen der Deutschen Bahn AG, konnte ein positiver Wert auf den Value-for-the-Customer für die Preisdifferenzierung nach Gruppengröße nachgewiesen werden. Dabei wird mit Hilfe des Value-for-the-Customer Konstrukts Nutzen und Aufwand auf Kundenseite quantifiziert.

Auch in herkömmlichen Tarifen kommt eine mengenbezogene Preisdifferenzierung nach Gruppengröße vereinzelt zur Anwendung. So werden vielfach Tageskarten für Einzelpersonen, aber auch für eine bestimme Anzahl an Personen angeboten mit sinkenden Kosten pro Person. Die kostenlose Mitnahme von Erwachsenen oder eigenen Kindern ist allerdings keine mengenbezogene Preisdifferenzierung, da in den meisten Fällen der Preis sich nicht unterscheidet – die Leistung also eingepreist wurde.

Flexible Tarife stellen hier keine Veränderung zu herkömmlichen Tarifen dar, solange die elektronische Fahrterfassung die Gruppenbildung nicht nachvollziehen kann.

3.3.6. Suchkostenbezogene Merkmale

Bei der suchkostenbezogenen Preisdifferenzierung werden Preise je nach Vertriebskanal oder der Marke variiert. Grundlage für diesen Ansatz sind unterschiedlich hohe Suchkosten der Kunden. Tendenziell weisen Kunden mit höheren Suchkosten auch eine höhere Zahlungsbereitschaft auf. Sie wollen Suchzeit, die zum Preisvergleich benötigt wird, sparen und akzeptieren einen höheren Preis. Als Beispiel seien besondere Vertriebsaktionen von Mobilfunkanbietern genannt, die über einen festgelegten Zeitraum einen Preisnachlass für ein Tarifangebot gewähren.

Suchkostenbezogene Preisdifferenzierung wird auch im öffentlichen Verkehrssystem angewandt. So werden manche Sparangebote der Bahn, wie das Lidl Bahnticket, nicht über die Internet Plattform der Deutschen Bahn AG angeboten, sondern es wird über einen Discounter in einem anderen Vertriebskanal und nur zu bestimmten Zeiten angeboten.

Da suchkostenbezogene Preisdifferenzierungen nicht an die Eigenschaften einzelner Tarife gebunden sind, ergeben sich durch die Anwendung flexibler Tarife daher keine Veränderungen.

3.3.7. Preisbündelung

Bei einer Preisbündelung werden mehrere Dienstleistungen eines oder mehrerer Anbieter zusammengefasst und zu einem Bündelpreis verkauft. Der Bündelpreis liegt dabei unterhalb der Summe aller Einzelpreise. Zwei Formen der Preisbündelung werden unterschieden:

Reine Preisbündelung Es werden nur die zusammengefassten, nicht aber die einzelnen Dienstleitungen angeboten.

Gemischte Preisbündelung Es werden sowohl die zusammengefassten Dienstleitungen als auch alle Dienstleistungen einzeln angeboten.

Bei den zuvor genannten Arten der mengenbezogenen Preisdifferenzierung lag das Augenmerk auf einer Zusammenfassung von mehreren Einheiten eines Produktes. Im Gegensatz dazu liegt bei der Preisbündelung das Augenmerk auf der Bündelung von jeweils einer Einheit aus verschiedenen Produkten. Als Beispiel für eine gemischte Preisbündelung seien die Menüs bei Fast-Food Restaurants genannt, bei denen üblicherweise Speisen und Getränke in einem Preisbündel zusammengefasst werden.

Preisbündelungen im Bereich des ÖPV werden auch heute schon in Deutschland angeboten: das Tarifprodukt Abo-Plus Baden-Württemberg stellt eine gemischte Preisbündelung dar. Im Tarifprodukt Abo-Plus Baden-Württemberg können Zeitkarten verschiedener Tarifgebiete zusammengefasst werden und zu einem günstigeren Preis erworben werden, als beim einzelnen Erwerb der Zeitkarten eines jeden Tarifgebiets. Die übertragbare Zeitkarte stellt eine Form der reinen Bündelung dar. Das Produkt Zeitkarte ist zwar auch einzeln zu erwerben, aber die Übertragbarkeit ist nur im Bündel zu erhalten.

Flexible Tarife bieten ebenfalls die Möglichkeiten der vorgenannten Preisbündelung. Insbesondere bieten flexible Tarife neue Möglichkeiten bei der Bündelung von Dienstleistungen im Bereich ÖPV mit Leihfahrrädern und Carsharing-Fahrzeugen. Diese könnten durch den Erwerb von Kilometer-Kontingenten erfolgen, bei denen sowohl Kontingente für den ÖPV, als auch das Carsharing-Fahrzeug und das Leihfahrrad enthalten sind.

3.3.8. Kombination von Merkmalen

Die in den vorigen Kapiteln einzeln beschriebenen Preisdifferenzierungen kommen im Bereich des ÖPV in der Regel nur in einer Kombination zur Anwendung. Die Ziele der Preisdifferenzierung bleiben bei einer kombinierten Anwendung die Gleichen.

Als Beispiel sei hier die spezielle eines zweiteiligen Tarifs genannt, der von den Stadtwerken Münster im September 2013 eingeführt (Quast u. a., 2012) wurde. Der Tarif "FlexAbo" erhebt einen monatlichen Grundbetrag, der die unbegrenzte Nutzung von Bus&Bahn ab 8 Uhr gestattet. Für Fahrten vor 8 Uhr wird ein Leistungsbetrag fällig, der einmalig zu entrichten ist und daher genau genommen einem Nutzungsbetrag entspricht wie er in Abschnitt 3.3.5.6 beschrieben wird. Der Tarif "FlexAbo" kombiniert demnach Elemente eines klassischen Tarifs mit Festpreis und nutzungsabhängige Elemente miteinander und beinhaltet somit auch zeitliche Merkmale zur Preisdifferenzierung, da er anhand der Tageszeit die in Anspruch genommene Leistung unterschiedlich bepreist. Er stellt eine Möglichkeit dar, wie flexible Tarife in EFM-Systemen eingesetzt werden können.

3.4. Flexible Tarife außerhalb Deutschlands

Außerhalb Deutschlands haben sich EFM-Systeme häufig schneller etabliert, insbesondere in Metropolregionen. Dennoch wurden vielfach die Grundstrukturen der Tarife beibehalten. Ein wesentlicher Grund hierfür lag wahrscheinlich in den oftmals fehlenden Tarifverbünden, so dass es keine Verkehrsunternehmer übergreifende Tarifstruktur gab. Diese Tarifintegration zu ermöglichen, war wesentlicher Anstoß zur Einführung von EFM-Systemen. Aspekte eines flexiblen Tarifs hingegen standen zunächst wahrscheinlich nicht im Zentrum der Überlegungen.

Eine Ausnahme bildet hierzu das EFM-Systems OV-Chipkaart in den Niederlanden. Schon vor der Einführung des EFM-Systems gab es landesweit eine Tarifintegration. Somit lag der Fokus bei der Einführung der landesweiten OV-Chipkaart in den Jahren 2005–2012 auch auf der zeitgleichen Einführung eines flexiblen Tarifs. Mit diesem werden viele der neuen Möglichkeiten eines flexiblen Tarifs genutzt.

So kommt in der Tarifoption für Nutzer ohne Zeitkarte ein zweiteiliger Tarif zur Anwendung. Als Bemessungsgrundlage für den Leistungsbetrag wird die zurückgelegte Wegstrecke verwendet. Der Leistungsbetrag wird zeitlich und räumlich differenziert und lag im Jahr 2012 zwischen ca. 0,10 € und 0,15 € für Transportleistungen im Nahverkehr außerhalb der Nachtzeiten. Zum heutigen Zeitpunkt macht sich dieses EFM-System die erweiterten Möglichkeiten in der Tarifgestaltung am Stärksten zu nutze.

Das in 2003 eingeführte EFM-System Oyster-Card im Großraum London hat weniger deutlich die neuen Möglichkeiten verwendet. So blieb als mengenbezogene Bemessungsgrundlage das System basierend auf Flächenzonen erhalten. Allerdings wurden die Möglichkeiten in der zeitlichen Preisdifferenzierung mit der Einführung einer unterschiedlich bepreisten Haupt- und Nebenverkehrszeit an Werktagen intensiv genutzt. In der Tarifoption für Nutzer ohne Zeitkarte wird für die Zeit von 6:30–9:30 Uhr und 16:00–19:00 Uhr ein um ca. 30 % bis 50 % erhöhtes Nutzungsentgelt gefordert, abhängig von Start- und Zielort. Des Weiteren kommt in dieser Tarifoption ein angestoßener Mengenrabatt zur Anwendung, der eine feste Preisobergrenze für die an einem Tag durchgeführten Fahrten bildet.

Das Tarifsystem der Deutsche Bahn AG im Fernverkehr nutzt ebenfalls die Möglichkeiten eines flexiblen Tarifs. So kommen in der Tarifoption Sparpreis für Kunden ohne Zeitkarte sowohl zeitliche als auch räumliche Preisdifferenzierungen zur Anwendung. Da die Fahrtberechtigung in dieser Option an eine bestimmte Fahrt gebunden ist, kann abhängig von der Zeit der Preis differenziert werden. Ebenfalls ist die Wegstrecke durch die Fahrtbindung vorgegeben; dementsprechend kann in Abhängigkeit der durchfahrenen Räume der Preis differenziert werden. Die Differenzierungen werden dem Nutzer transparent über unterschiedliche Fahrtpreise dargestellt.

3.5. Wirkungsebenen auf den Kunden

Flexible Tarife in EFM-Systemen wirken auf verschiedenen Ebenen auf den Kunden. In den folgenden Abschnitten werden die verschiedenen Wirkungsebenen aufgezeigt.

3.5.1. Zugang

Der Abbau von Zugangshürden zum öffentlichen Verkehr ist ein seit vielen Jahren diskutiertes Thema. Eine wesentliche Hürde stellten bis in die 90er Jahre die Informationsbeschaffung über das Angebot dar (Wittowsky, 2009; Schwarzmann, 1995). Sowohl weit verbreitete dynamische Informationssysteme in öffentlichen Verkehrssystemen, als auch mobile Kommunikationssysteme auf Kundenseite haben diese Hürde abgebaut.

Eine weitere Hürde wird im Erwerb des Fahrausweises gesehen. Unterschiedliche Regelungen bei den Dienstleistern bezüglich des Fahrscheinerwerbs beim Fahrer, unzureichende Ausstattung der Zugangspunkte mit Verkaufsstellen und -automaten oder auch fehlendes Bargeld beim Kunden spiegeln nur ein kleinen Teil der Problemfälle beim Fahrscheinerwerb wider. Sind die Voraussetzungen zur Nutzung des EFM-Systems für den Kunden erfüllt, so entfällt ein Fahrscheinerwerb in der herkömmlichen Art zur Gänze.

3.5.2. Exakte Leistungsberechnung

Aus Gründen der Praktikabilität wird in heutigen Tarifen die in Anspruch genommene Leistung mit vereinfachten Verfahren, wie z. B. den Flächenzonen bei der Bestimmung der Fahrtweite, erfasst (Kapitel 3.3.5.1).

Flexible Tarife in EFM-Systemen können auf die elektronisch erfassten Fahrten eines Kunden zurückgreifen. Dadurch kann die in Anspruch genommene Leistung sehr viel genauer ermittelt und nur diese in der Preisberechnung berücksichtigt werden, als dies in heutigen Tarifen der Fall ist. Die alleinige Betrachtung der in Anspruch genommenen Leistung wird häufig als eine Verbesserung der Tarifgerechtigkeit angesehen und von den Kunden in qualitativen Studien positiv bewertet (Nuworsoo u. a., 2009; GfK Group, 2003).

3.5.3. Tarife für verschiedene Nutzungsprofile

In herkömmlichen Tarifsystemen kann nur ein Teil der möglichen Preisdifferenzierung genutzt werden. Die Zahlungsbereitschaften der Kunden gestalten sich aber auf der anderen Seite sehr heterogen. Im zeitlichen Bezug z. B. zeigen Kunden im Durchschnitt für Fahrten an Werktagen eine wesentlich höhere Zahlungsbereitschaft als an Wochenendtagen, wie man an Preiselastizitäten erkennen kann (Dargay u. Hanly, 1999). Herkömmliche Tarife lassen hier Aufgrund der Praktikabilität kaum Möglichkeiten, spezielle Tarifangebote für verschiedene Nutzungsprofile anzubieten.

Im Allgemeinen erweitern flexible Tarife die Möglichkeiten der Preisdifferenzierung deutlich. Dies wirkt sich insbesondere in Bezug zur heutigen variablen und individuellen Mobilitätsgestaltung aus.

3.5.4. Falscher Fahrausweis

Aufgrund der umfangreichen Wahlmöglichkeiten im Tarifsystem ist es für unerfahrene oder nicht ansässige Kunden mit einem erheblichen Zeitaufwand verbunden, das geltende Tarifsystem in Gänze zu überblicken. Hierdurch entsteht berechtigterweise das Gefühl, möglicherweise einen falschen Fahrausweis erworben zu haben, der die in Anspruch genommene Leistung gar nicht oder nur zum Teil umfasst.

Um den Komfort eines möglichst großen und einheitlichen Tarifraumes noch zu erhöhen, entstanden in Deutschland vielfach Überlappungsbereiche zwischen benachbarten Tarifräumen. Dadurch ist eine Fahrt auch über die Verbundgrenze hinaus im selben Tarifsystem möglich geworden. Nachteile dieser Lösung entstehen in den Überlappungsbereichen, da hier zwischen mehreren Tarifsystemen ausgewählt werden muss. Herausragend ist das Beispiel im Bereich der Regionalbahnlinie 26 in Rheinland-Pfalz, das Norta (2012) beschreibt. Hier werden bis zu vier verschiedene Tarife an einem Standort angeboten. Die Linie 26 verkehrt im Mittelrheintal zwischen Köln und Koblenz. Sie fällt in den Tarifraum des Verkehrsverbundes Rhein-Mosel (VRM), des Verkehrsverbundes Rhein-Sieg (VRS), des NRW-Ländertarifs sowie der Deutschen Bahn AG (C-Preis). Die vier verschiedenen Tarife unterscheiden sich zum Teil deutlich hinsichtlich ihres Anwendungsbereiches, des Fahrausweissortiments, der Mitnahmebedingungen, etc.

Flexible Tarife in EFM-Systeme beinhalten eine automatische Fahrterfassung und sorgen somit für die Bepreisung der in Anspruch genommenen Leistung – dies kann auch über verschiedene Dienstleister und Verwaltungsgrenzen hinaus erfolgen. Das Gefühl des Fahrens ohne Fahrtberechtigung, dem Schwarzfahren, kann somit nicht mehr entstehen. Dies schließt noch nicht die Möglichkeit der automatisierten individuellen Wahl des günstigsten Tarifes im zeitlichen Versatz ein. Diese Möglichkeit ist allerdings nicht den Eigenschaften eines einzelnen Tarifs zuzurechnen und wird daher hier nicht einbezogen.

3.5.5. Datennutzung und -schutz

Die Anwendung flexibler Tarife bedingt die elektronische Erfassung von Fahrten. Die aufgezeichneten Daten können Kunden einen Einblick in ihre Nutzungshistorie geben. Sie können für eine transparente Rechnungsstellung genutzt werden. Die Auswirkungen der Tarifwahl kann am realen Verhalten dargestellt werden.

Auf der anderen Seite können mit Hilfe der erfassten Fahrten Nutzungsprofile der Kunden angefertigt werden, die nur sehr aufwändig zu erstellen sind, wenn keine elektronische Fahrterfassung erfolgen würde. Aus Kundensicht kann die elektronische Fahrterfassung und damit ein flexibler Tarif negativ bewertet werden, wenn der Schutz ihrer Privatsphäre nicht sichergestellt ist.

Um die Erstellung von Nutzungsprofilen zu verhindern, können die erfassten Daten verschlüsselt werden. So schlagen Vives-Gausch u. a. (2010) ein System vor, bei dem zwar der Startpunkt einer Fahrt mit seinem zugehörigen Zielpunkt in Verbindung gebracht werden kann, eine Zuordnung von Kunden zu allen seinen Fahrten aber nicht möglich ist. Allerdings integrieren sie in ihrem Konzept eine aufhebbare Anonymität der aufgezeichneten Startpunkte, um bei Strafverfolgung den Kunden ermitteln zu können. Noch weiter gehen Heydt-Banjamin u. a. (2006) und stellen in ihrem System sicher, dass die Anonymität des Nutzers unter keinen Umständen aufgehoben werden kann.

Diese systemimmanenten Vorgehensweisen zur Sicherstellung der vollständigen Anonymität der Kunden bedingen Restriktionen für die Gestaltung des flexiblen Tarifs. Insbesondere mengenbezogene Merkmale, die sich auf eine Menge an Fahrten beziehen, können in diesen Systemen nicht zur Anwendung kommen.

4. Messung der Wirkung flexibler Tarife auf den Kunden

Die Möglichkeiten in der Tarifgestaltung werden durch EFM-Systeme deutlich erweitert. Die Messung der durch den Fahrgast in Anspruch genommenen Leistung erlaubt die Gestaltung von flexiblen Tarifen. Inwieweit diese Möglichkeiten auch Veränderungen im Mobilitätsverhalten der Menschen bewirken können, bedarf empirischer Studien. Dabei steht hier die Frage nach dem vom Fahrgast präferierten Tarif im Vordergrund und nicht die Frage, was technisch realisierbar ist. Dadurch soll der Forschungs- und Entwicklungsbedarf im Bereich der technischen Umsetzung nicht als abgeschlossen betrachtet werden. Vielmehr soll der besondere Fokus auf die Tarifgestaltung strategische Defizite in der Umsetzung vermeiden helfen.

Basis der folgenden Untersuchungen ist eine Erhebung zum Thema "moderne Tarife im Nahverkehr", die im Rahmen eines Projekts der Deutschen Forschungsgesellschaft (DFG) am Institut für Verkehrswesen des Karlsruher Instituts für Technologie (KIT) durchgeführt wurde. Nach der Beschreibung der Anlage der Erhebung wird zunächst das Phänomen des Flatrate-Bias bei Zeitkartennutzern im ÖPV betrachtet. Anschließend werden die Kundenpräferenzen der Tarifmerkmale analysiert. Im letzten Teil des Kapitels werden die Veränderungen in der Verkehrsmittelwahl durch flexible Tarife dargestellt.

4.1. Erhebung

4.1.1. Stichprobenanlage

4.1.1.1. Grundgesamtheit

Die Grundgesamtheit besteht aus den Einwohnern der Stadt Karlsruhe mit ihren insgesamt 27 Stadtteilen und ca. 300.000 Einwohnern im Jahr 2012.

Die Stadt Karlsruhe erstreckt sich auf eine Fläche von 173 km^2 und hat damit eine durchschnittliche Bevölkerungsdichte von ca. 1.700 Einwohnern pro km^2.

4.1.1.2. Stichprobenplan

Die Stichprobe wurde in zwei Stufen erstellt. Zunächst wurden die Haushalte durch die Random-Address-Methode zufällig ausgewählt. Diese Methode des Ablaufens bot sich Aufgrund der Nähe zum Untersuchungsgebiets an. Dabei wurden die Haushalte in einem Adressvorlauf aufgelistet und später persönlich angeschrieben (Hoffmeyer-Zlotnik, 1997).

Für die durch das Random-Address-Verfahren ermittelten Haushalte sind weder die Haushaltsgröße noch die vollständigen Namen der erwachsenen Personen bekannt. Da aber jeweils nur eine Person pro Haushalt an der Erhebung teilnimmt, ist in einer zweiten Stufe der Stichprobengenerierung eine zufällige Auswahl der Person sicherzustellen. Die Geburtstagsmethode wurde daher angewandt, um eine zufällige Auswahl der Personen in einem Haushalt zu gewährleisten. Bei diesem Verfahren wird die Person, die als nächstes Geburtstag hat, ausgewählt (Maurer, 2005). Das Verfahren kann von den angeschriebenen Haushalten selber durchgeführt werden.

4.1.1.3. Anwerbung der Probanden

Der Erstkontakt erfolgte schriftlich in persönlichen Anschreiben. In diesem wurde das Projekt kurz vorgestellt, die Erhebung beschrieben und um eine Teilnahme gebeten. Auf einem separaten Blatt wurden die angeschriebenen Haushalte über die vertrauliche Behandlung ihrer Daten informiert. Teilnahmebereite Personen wurden gebeten, sich beim Institut für Verkehrswesen zu melden. Dies konnte entweder telefonisch, per Fax, per Email oder schriftlich mit Hilfe des beigefügten Antwortschreibens und dem frankierten Antwortumschlag erfolgen.

Die Anwerbung erfolgte in zwei Wellen, die durch die Sommerschulferien des Bundeslands Baden-Württemberg getrennt wurden. Die Ausschöpfung der Stichprobe ist in Tabelle 4.1 dargestellt. Die Response Rate entspricht

Tab. 4.1.: Ausschöpfung der Stichprobe

	1. Welle	2.Welle
angeschriebene Haushalte	856	909
unzustellbar	12	2
Antworten	122	103
per Brief	50	54
per Telefon	49	34
per Email	17	15
durchgeführte Interviews	115	59
Response Rate	14 %	7 %

der Definition der minimalen Response Rate (RR1) nach The American Association for Public Opinion Research (2011).

Neben dem unterschiedlichen Zeitpunkt der Anwerbung unterscheiden sich die Wellen auch hinsichtlich des Alters der Probanden. Aufgrund der Ergebnisse der ersten Welle wurden in der zweiten Welle nur Probanden mit einem Alter von unter 60 Jahren zur Antwort aufgefordert. Hierdurch kam es aufgrund der Stichprobengenerierung zu einem nicht unwesentlichen Teil an neutralen Ausfällen. Dieser Anteil lässt sich anhand der Bevölkerungsstatistik auf 255 neutrale Ausfälle schätzen und würde zu einer Response Rate von 11 % in der zweiten Welle führen. Genaue Quantitäten können aufgrund der Stichprobengenerierung nicht ermittelt werden, da zum Zeitpunkt des Anschreibens das Alter der im Haushalt lebenden Personen nicht bekannt war.

Eine anschließende Non-Response-Untersuchung, um genauere Angaben zur Selektivität der Stichprobe zu erhalten, wurde nicht durchgeführt.

4.1.1.4. Analyse der Stichprobe

Für die Analyse der resultierenden Stichprobe ist für personenbezogene Merkmale zu beachten, dass die Auswahl der Probanden in einem zwei stufigen Prozess geschah. Dadurch ist die Wahrscheinlichkeit für Personen der Grundgesamtheit in die Stichprobe zu gelangen nicht gleich verteilt, wie es in einfachen Zufallsstichproben der Fall ist. Die Auswahl des Haushaltes geschah mit Hilfe der Randam-Address Methode zufällig und jeder Haushalt hatte die gleiche Wahrscheinlichkeit ausgewählt zu werden. Da aber nur eine Person des Haushalts befragt wurde, hing die Wahrscheinlichkeit, auf Ebene des Haushalts ausgewählt zu werden, reziprok von der Haushaltsgröße ab. Somit sind Auswertungen personenbezogener Merkmale wie dem Alter der Probanden mit einem Transformationsgewicht zu versehen. Dieses Gewicht ist proportional zum Kehrwert der Auswahlwahrscheinlichkeit einer Person auf Haushaltsebene (Rothe u. Wiedenbeck, 1987). Das Transformationsgewicht kann zu Rundungsungenauigkeiten bei den folgenden Angaben zu Anteilswerten führen wodurch die Summen der einzelnen Anteilswerte u. U. nicht dem Gesamtwert entsprechen. Bei Analysen von Variablen mit Bezug zu einem Haushalt wie der Haushaltsgröße sind keine Transformationsgewichte zu berücksichtigen.

In Tabelle 4.2 sind die Anteile für verschiedene sozio-demographische Merkmale der Stichprobe aufgeführt. Neben einer sehr ausgewogenen Verteilung auf die beiden Geschlechter kann auch die Altersverteilung, die Verteilung der in den jeweiligen Haushalten zur Verfügung stehenden Pkws und die Verteilung der Personen mit Zeitkartenbesitz die Grundgesamtheit gut widerspiegeln.

Die Verteilung der Haushaltsgröße allerdings weicht deutlicher von der Grundgesamtheit ab. Während in der Stichprobe nur 30 % Einpersonenhaushalte erreicht werden konnten, lag deren Quote im Jahre 1987 bei 45 % und hat seit dem wahrscheinlich leicht zugenommen. Diese Schiefe deckt sich in Teilen mit den Verschiebungen bei der Altersverteilung. Einpersonenhaushalte treten vermehrt bei der Bevölkerung unter 35 Jahren und über 70 Jahren auf – beide Gruppen finden sich in der Erhebung ebenfalls leicht unterrepräsentiert wieder.

Im Verlauf der Erhebung werden die Probanden anhand ihrer Angaben zum Zeitkartenbesitz in zwei Gruppen aufgeteilt und die Tarifpräferenzen getrennt für beide Gruppen befragt. Somit kommt der Verteilung des Zeitkartenbesitzes besondere Bedeutung zu. Daher sind in Tabelle 4.3 die Anteile des Zeitkartenbesitzes nach Geschlecht und Alter aufgeführt. Auch hier ergeben sich in den einzelnen Gruppen nur geringe Abweichun-

Tab. 4.2.: Anteile verschiedener sozio-demographischer Merkmale in Stichprobe und Grundgesamtheit (GG)

Merkmal & Ausprägung		Stichprobe		GG	Differenz
		Anzahl	Anteil [%]	Anteil [%]	%-Punkt
Geschlecht[a]	Mann	89	51	50	+1
	Frau	85	49	50	−1
Alter	18–25 Jahre	15	9	13	−4
	26–35 Jahre	30	17	18	−1
	36–50 Jahre	46	26	26	0
	51–60 Jahre	30	17	15	+2
	61–70 Jahre	32	19	12	+7
	über 70 Jahre	21	12	16	−4
Personen im Haus-halt[b]	1	52	30	45	−15
	2	63	36	28	+8
	3	25	14	15	−1
	4	23	13	9	+4
	5 oder mehr	11	6	3	+3
Pkws im Haushalt[c]	kein	34	20	22	−2
	1	105	60	56	+4
	2	32	18	19	−1
	3 oder mehr	3	2	3	1
sozialer Status[d]	vollzeit erw.	76	44	63	+3
	teilzeit erw.	38	22		
	in Ausbildung	11	6	9	+1
	im Haushalt	7	4		
	in Rente	42	24	28	−4
Summe		174			

[a]Anteile der Grundgesamtheit anhand Jahrbuch der Stadt Karlsruhe von 2011.

[b]Anteile der Grundgesamtheit anhand Daten der Volkszählung von 1987.

[c]Anteile der Grundgesamtheit anhand Daten der Einkommens- und Verbrauchsstrichprobe von 2008.

[d]Anteile der Grundgesamtheit anhand der Daten des Mikrozensus von 2012: Hochrechnung erfolgte anhand der Bevölkerungsfortschreibung auf Basis der Volkszählung 1987.

Tab. 4.3.: Anteile Zeitkartenbesitz nach Geschlecht und Alter in der Stichprobe

Merkmal	Ausprägung	Zeitkarten-besitz	Stichprobe		Grundgesamt-heit Anteil [%]	Differenz %-Punkte
			Anzahl	Anteil [%]		
Geschlecht	Mann	ja	30	34	28	+6
		nein	59	66	72	−6
	Frau	ja	25	29	30	−1
		nein	61	71	70	+1
Alter	18–35 Jahre	ja	16	36	35	+1
		nein	29	64	65	−1
	36–60 Jahre	ja	16	22	20	+2
		nein	59	78	80	−2
	über 60 Jahre	ja	22	41	44	−1
		nein	31	59	56	+1

Anteile der Grundgesamtheit anhand Daten der Mobilitätserhebung der Stadt Karlsruhe in 2012.

gen zur Grundgesamtheit. Die größten Abweichungen sind in der Gruppe der männlichen Probanden zu finden.

Da die Stichprobe die Verteilungen der wesentlichen sozio-demographischen Attribute der Grundgesamtheit gut widerspiegelt, wird keine Anpassung dieser Attribute an eine sekundäre Statistik vorgenommen. Eine solche Anpassung wird als Redressement bezeichnet, bei der ein Attribut oder eine Kombination von Attributen des Umfragedatensatzes an die Verteilung einer sekundären, in der Regel verlässlichere, Quelle angepasst wird (Rothe, 1986). Dadurch kann die Verteilung der zur Anpassung genutzten Attribute näher an die Grundgesamtheit geführt werden. Dies trifft aber nicht auf Attribute zu, die in der Anpassung nicht berücksichtigt wurden.

Die hier betrachteten sozio-demographischen Attribute finden zwar häufig zur vereinfachenden Beschreibung von verhaltenshomogenen Gruppen in Bezug zur Mobilität Anwendung (Schmiedel, 1984), eine Übertragbarkeit der Verhaltensähnlichkeit auf den Bereich der Preisdifferenzierung von Dienstleistungen wurde bisher nicht analysiert und ist damit nicht belegt. Insofern wäre fraglich, ob sich überhaupt ein Qualitätsgewinn der Ergebnisse durch Anwendung eines Redressement Gewichts einstellen würde.

Die ähnliche Verteilung der in Tabelle 4.2 und 4.3 untersuchten sozio-demographischen Attribute kann somit nur ein Indiz für die Repräsentativität darstellen.

4.1.2. Methode

Die Untersuchungseinheit der Erhebung sind Personen. Ihre Befragung erfolgte in computergestützten persönlichen Interviews (CAPI) (Mayer, 2009). Hierdurch kann dynamisch auf Antworten der Probanden reagiert und die folgenden Fragen können darauf abgestimmt werden. Diese Methode erlaubt zum einen eine Filterführung, bei der Aufgrund vorheriger Angaben nur noch die relevante Fragen den Probanden vorgelegt werden. Zum anderen können Fragen dynamisch im Laufe des Interviews gebildet werden. Im Verlauf des Interviews wurde z. B. die Mobilität der Probanden erfragt. Aufbauend auf den gegebenen Antworten wurde zu einem späteren Zeitpunkt darauf Bezug genommen und einzelne Fahrten aus den getätigten Angaben für Stated-Preference-Experimente genutzt.

Neben der möglichen dynamischen Befragung erlauben Computer auch sehr einfach Visualisierungen durchzuführen. Während der Erhebung waren z. B. verschiedene Tarifvergleiche durch die Probanden nötig. Dabei wurden die Tarife durch verschiedene Kriterien beschrieben. Somit mussten zeitgleich unterschiedliche Aspekte von den Probanden gegeneinander abgewogen werden. Diese Art der Abwägung wäre durch eine fernmündliche Beschreibung nicht möglich gewesen.

Durch die persönliche Befragungen wurden die Interviewer in die Lage versetzt, eine Regel- und Kontrollfunktion zu übernehmen. Rückfragen konnten sofort beantwortet werden und der Interpretationsspielraum auf Seiten der Probanden so gering gehalten werden. Des Weiteren beinhalteten die zu untersuchenden flexiblen Tarifmerkmale neuartige Konzepte, die den meisten Teilnehmern im Zusammenhang mit öffentlichem Verkehr wahrscheinlich noch nicht begegnet waren. Hier konnten durch die Anwesenheit der Interviewer reflexartige und evtl. vorschnelle Reaktionen aufgenommen und Erklärungen gegeben werden. Die gesammelten Erfahrungen der Interviewer zeigten, dass nur vereinzelt Fragen gegenüber der Funktionsweise eines EFM-Systems offen blieben, jedoch die vorgestellten flexiblen Tarife manchmal Rückfragen hervor riefen.

Durch die Terminvereinbarung waren die Probanden auf das Interview vorbereitet und hatten sich keine weiteren Arbeiten für diese Zeit eingeplant. Traten dennoch kurzfristige Störungen auf, die zu Unterbrechungen führten, so ließ die Anwesenheit des Interviewers die Unterbrechungen nicht zu Abbrüchen führen.

Allerdings führt die Anwesenheit der Interviewer bei den Probanden zu einer Verzerrung die als Interviewereffekt bezeichnet wird. Durch ihr Erscheinungsbild, ihr Auftreten und ihre Erklärungen erstellt sich der Proband ein Bild über die Vorstellungen und Werteorientierungen des Interviewers. Dieses Bild fließt in unterschiedlichem Maße in die Beantwortung der Fragen ein. Um diese Verzerrung möglichst gering zu halten, wurden vier Studierende als Interviewer eingesetzt. Sie können zum einen die Unabhängigkeit der akademischen Lehre und Forschung darstellen, zum anderen werden Studenten aufgrund ihres Alters mit einer offenen Lebenseinstellung verbunden, die Freiraum für andere Meinungen und Werte lässt. Für

Probanden sollte es somit in der Regel einfacher sein, auch ihre Meinung und Werte unverfälscht zu äußern (Wieg u. Schumacher, 2000). Bei der Auswahl der Interviewer wurde insbesondere auf ausgeprägte kommunikative Fähigkeiten, einer Offenheit gegenüber fremden Menschen und Organisationsfähigkeit geachtet.

Besonderes Augenmerk bei einer persönlichen Befragung muss auf ein konsistentes Vorgehen aller Interviewer gelegt werden. Abweichungen zum Fragetext sollten vermieden werden, Erklärungen wenn nötig anhand gleichbleibender Beispiele gegeben werden. Bewegungen sollten auf das nötige Minimum reduziert werden und Mimiken sollten immer neutral bleiben.

4.1.3. Unterlagen

Ein erster Pretest, der die Fragen zur Untersuchung des Flatrate-Bias beinhaltete, wurde bei 169 Studierenden des 4. Fachsemester im Studiengang Bauingenieurewesen durchgeführt. Hierbei stand die Formulierung der Texte im Vordergrund. Daher wurde dieser Test noch papierbasiert und selbstadministrierend durchgeführt.

Ein zweiter Pretest wurde an 12 Probanden aus dem Bekanntenkreis der Interviewer und Betreuer durchgeführt. Hierzu lag die vollständige implementierte Erhebungssoftware vor. Es wurden ebenfalls schon die Laptops eingesetzt, die auch zur Haupterhebung später eingesetzt wurden. Neben den Formulierungen der Texte wurden bei diesen Tests auch die zeitlichen Vorgaben überprüft und die Stabilität und Fehlerfreiheit der Software verifiziert.

Die bei den Interviews mitgeführten Unterlagen werden im Verlaufe der nächsten Kapitel mit denen auf ihnen aufbauenden Analysen vorgestellt. Fragen aus den allgemeingültigen Teilen am Anfang und Ende der Interviews sind in Anhang B abgebildet. Zur Veranschaulichung der Thematik des elektronischen Fahrgeldmanagements wurde zusätzlich eine Imitation einer Smartcard im Layout des lokalen Karlsruher Verkehrsverbunds und zwei Informationsseiten zu den vorgestellten flexiblen Tarifen im Format DIN A4 mitgeführt.

4.1.4. Durchführung

Die Feldarbeit wurde in einem Zeitraum von Juni bis September 2012 durchgeführt. Dabei wurden die Sommerschulferien des Bundeslands Baden-Württemberg in der Feldarbeit ausgespart, dennoch wurden einzelne Interviews auf Wunsch des Probenden in dieser Zeit durchgeführt.

Mit den teilnahmebereiten Probanden wurde Kontakt aufgenommen und der Zeitpunkt und der Ort des Interviews abgestimmt. Die Interviews wurden zum größten Teil entweder im Haushalt des Probanden, an seinem Arbeitsplatz oder in den Räumen des Instituts für Verkehrswesen durchgeführt. Nur in seltenen Fällen wurden sie auf Wunsch des Probanden an anderen Lokalitäten durchgeführt. Die Interviews wurden wenn möglich in räumlicher Nähe zueinander vereinbart, um die Wege zwischen den Interviews möglichst gering zu halten.

Da die CAPI-Methode angewandt wurde, brauchten im Nachgang keine weiteren Daten elektronisch erfasst oder aufbereitet werden. Da es zu keinem Abbruch eines Interviews kam, mussten keine unvollständigen Daten entfernt oder Imputationen durchgeführt werden.

4.2. Flatrate-Bias

Bei vielen Dienstleistungen wird neben einem nutzungsabhängigen Tarif auch ein Tarif mit Festpreis angeboten. Festpreise ermöglichen die Inanspruchnahme einer Dienstleistung durch einmalige Zahlung und ohne eine Begrenzung der Menge. Nutzungsbezogene Tarife jedoch beziehen die in Anspruch genommene Leistung in die Preisberechnung ein. Kann der Kunde zwischen diesen beiden Arten der Tarife wählen, so ist eine Tendenz zu Festpreisen zu beobachten, die als Flatrate-Bias bezeichnet wird. Sie kann anhand der Analyse der reinen Nutzungscharakteristik nicht erklärt werden. Vielmehr kann beobachtet werden, dass Kunden aus den Tarifen mit Festpreis einen Nutzen ziehen, der über den Wert der reinen Dienstleistung hinaus geht.

4.2.1. Bisherige Untersuchungen

Die wissenschaftliche Untersuchung des Flatrate-Bias gehen zurück auf Arbeiten aus den 1980er Jahren. Vornehmlich die Einführung von nutzungsabhängigen Tarifen im Telefonmarkt in Nordamerika ließen die Frage aufkommen, wie die Preise für Festpreis und nutzungsabhängingem Tarif festgesetzt werden sollten. Zuvor gab es keine Wahlmöglichkeiten für die Kunden, sie mussten einen Tarif mit Festpreis wählen. In neuerer Zeit sind weitere Märkte hinzugekommen, die ebenfalls üblicherweise beide Tarifformen anbieten. Hierzu zählen insbesondere: Online-Zeitungen, Internetzugang, Mobilkommunikation, Fitnessstudios und All-You-Can-Eat-Restaurants.

In Tabelle 4.4 ist eine Übersicht neuerer wissenschaftlicher Arbeiten gegeben, die eine Quantifizierung des Flatrate-Bias vornehmen. Neben der benutzten Datengrundlage sind auch die wesentlichen Ergebnisse der Studien aufgeführt. Eine der hier aufgeführten Studien nutzt revealed-preference-Daten und kann dort erstaunliche Zahlungsbereitschaften für Tarife mit Festpreis belegen: die Studie von DellaVigna u. Malmendier (2006) kann die eine um 70 % erhöhte Zahlungsbreitschaft unter Mitgliedern eines Fitnessstudios messen. Da in dieser Studie ausschließlich Nutzungsdaten analysiert werden, können keine Erklärungen zu den Ursachen erfolgen.

Die übrigen der Studien stützen sich auf stated-preference-Analysen, in denen die Befragten vor eine hypothetische Tarifwahlentscheidung gestellt werden. Dabei werden alle Teilnehmer gebeten, sich in dieselbe Ausgangssituation zu versetzen. Dies gelingt naturgemäß besser, wenn die Probanden sich schon einmal in einer ähnlichen Situation befunden haben. Hierzu zählt z. B. die Befragung von Kunden einer Online-Zeitung zu einem Tarif für Online-Zeitungen.

Insgesamt können alle Studien einen positiven Effekt des Flatrate-Bias auf die Wahl eines Tarifes mit Festpreis bestätigen. In den meisten zuvor ausgeführten Analysen bestand das Untersuchungsziel neben dem Nachweis eines Flatrate-Bias auch in seiner Quantifizierung. Die gemessenen erhöhten Zahlungsbereitschaften schwanken allerdings stark zwischen 8 % und 25 %. Eine Studie kann sogar eine deutlich erhöhte Zahlungsbereitschaft von 70 % messen.

Tab. 4.4.: Empirische Untersuchungen des Flatrate-Bias.

Autor(en)	Datengrundlage	Ergebnisse in Bezug zum Flatrate-Bias
Krämer u. Wiewiorra (2012)	Online Befragung von 208 Stundenten zu Mobilfunktarifen	Präferenz gegenüber Festpreis-Tarif aufgrund Versicherungs- und Flexibilitätseffekten. Zahlungsbereitschaft liegt 13 % höher.
Gerpott (2009)	Schriftliche Befragung von 203 Studenten zu Mobilfunktarifen	Präferenz gegenüber Festpreis-Tarif aufgrund Versicherungs-, Taxameter-, Bequemlichkeits- und Flexibilitätseffekten.
Lambrecht (2006)	Schriftliche Befragung von 241 Stundenten zu Internetzugangstarifen	Präferenz gegenüber Festpreis-Tarif aufgrund Versicherungs-, Taxametereffekten. Zahlungsbereitschaft liegt 10 % höher.
	Online Befragung von 1078 Kunden eines Internetdienstleisters	Präferenz gegenüber Festpreis-Tarif aufgrund Versicherungs-, Taxameter- und Bequemlichkeitseffekten. Zahlungsbereitschaft liegt 12,5 % höher.
Schulze u. Gedenk (2005)	Online Befragung von 145 Nutzern einer Online Zeitung	Präferenz gegenüber Festpreis-Tarif aufgrund Versicherungs-, Taxameter- und Flexibilitätseffekten. Zahlungsbereitschaft liegt 25 % höher.
Nunes (2000)	Befragung von 100 Supermarktkunden zu Liefertarifen	Präferenz gegenüber Festpreis-Tarif. Zahlungsbereitschaft liegt bis zu 8 % höher.
DellaVigna u. Malmendier (2006)	Analyse von 7.978 Fitnessstudio Mitgliedern	Analyse der Tarifwahl und den Nutzungshäufigkeiten. Präferenz gegenüber Festpreis-Tarif. Zahlungsbereitschaft liegt 70 % höher.

In Anlehnung an Lambrecht (2006) und eigene Darstellung.

Tab. 4.5.: Fehler bei der Tarifwahl

Art des Fehlers	Anteil Kunden	Anteil Fahrten	Mehrkosten für Kunden
Kunde mit nutzungsabhängigem Tarif, obwohl Tarif mit Festpreis optimal	12,2 %	13,2 %	+3,4 %
Kunde mit Festpreis-Tarif, obwohl nutzungsabhängiger Tarif optimal	29,0 %	12,6 %	+11,8 %
t-Test	-3,2912 (0,0010)	-0,1172 (0,9067)	

4.2.2. Untersuchungen im ÖPNV

Im Personennahverkehr werden in Deutschland üblicherweise sowohl Tarife mit Festpreisen, als auch nutzungsabhängige Tarife angeboten. Der Kunde muss sich im Voraus entscheiden, welchen Tarif er wählt. Nimmt man zunächst vereinfachend an, dass der Kunde voll über seine Tarifwahlmöglichkeiten informiert ist und als homo oeconomicus bestrebt ist, seine Konsumentenrente zu maximieren, so wird er den für sein Nutzungsverhalten preisgünstigsten Tarif wählen. Aufgrund der eventuell unsicheren Abschätzung des eigenen Nutzungsverhaltens über eine zukünftige Zeit von einem Monat oder mehr, können sich die folgenden beiden Arten an Fehler bei der Tarifwahl ergeben:

1. Wahl eines Tarifs mit Festpreis, obwohl ein nutzungsabhängiger Tarif zu einer höheren Konsumentenrente geführt hätte.

2. Wahl eines nutzungsabhängigen Tarifs, obwohl ein Tarif mit Festpreis zu einer höheren Konsumentenrente geführt hätte.

Würden keine systematischen Fehler begangen, so sollten beide Fehler gleich häufig auftreten. In den Analysen von (Wirtz u. a., 2013) wird mit Hilfe von Mobilitätsdaten die reale Tarifwahl mit einer aufgrund der beobachteten Nutzung berechneten optimalen Tarifwahl verglichen. Wie in Tabelle 4.5 gezeigt, stellt sich die Häufigkeit der beiden Fehlertypen als signifikant verschieden dar. Mit 29 % ist der Anteil der Kunden, die fälschlicherweise einen Festpreis-Tarif gewählt haben, deutlich größer als der Anteil an Kunden (12,2 %), die fälschlicherweise einen nutzungsabhängigen Tarif gewählt haben.

Bezogen auf die Fahrten ergeben sich ähnliche Werte für beide Arten von Fehlern. Hierbei werden alle Fahrten subsumiert, die von Kunden mit nicht optimaler Tarifwahl durchgeführt werden, und der Gesamtheit an Fahrten gegenübergestellt.

Die durchschnittlichen Mehrkosten DK, die auf Kundenseite entstehen, ergeben sich wie folgt:

$$DK = \frac{\sum_{i=1}^{N} T_{i,akt} - T_{i,opt}}{N} \qquad (4.1)$$

wobei T_{akt} die Kosten für die in Anspruch genommene Leistung unter der aktuellen Tarifwahl und T_{opt} die Kosten für die in Anspruch genommene Leistung unter optimaler Tarifwahl darstellt. Für die Gruppe der Zeitkartenkunden ergeben sich durchschnittliche Mehrkosten von 11,8 % gegenüber Mehrkosten von 3,4 % für Nutzer von nutzungsabhängigen Tarifen.

Bei dieser Art der Analyse von realem Nutzungsverhalten wird allerdings nur das Mobilitätsverhalten der befragten Person eingeschlossen. Entgeltfreie Zusatznutzen, die eventuell dem Nutzer eines Tarifes mit Festpreis zustehen, bleiben dabei unberücksichtigt. Zu diesen Zusatznutzen sind insbesondere die kostenlose Mitnahme von tarifrelevanten Personen und Sachen oder die Übertragbarkeit der Fahrtberechtigung zu zählen. Untersuchungen zeigen, dass potentielle Nutzer dieser Optionen dafür im Durchschnitt eine 19 % höhere Zahlungsbereitschaft haben (TEWET, 2000).

Die Ergebnisse aus der oben erwähnten Analyse sind also um diesen Zusatznutzen zu reduzieren. Des Weiteren erlauben Analysen des realen Mobilitätsverhaltens nur die Überprüfung der Existenz eines Flatrate-Bias, ihre Ursache und die Stärke der beitragenden Effekte können nicht ermittelt werden.

Die gezeigte Analyse weist allerdings die Unterschiede bei den gemachten Fehlern auf, so dass von der Existenz eines Flatrate-Bias auch bei Kunden im öffentlichen Nahverkehr ausgegangen werden kann. Eine Untersuchung der Gründe in diesem Marktsegment hat es noch nicht gegeben. Ebenfalls sind hierzu auch noch keine intrapersonellen Analysen durchgeführt worden, um die Frage zu klären, ob die Art und Stärke eines Flatrate-Bias ebenfalls vom Marktsegment abhängt.

4.2.3. Effekte

In den meisten zuvor beschriebenen Studien lassen sich drei wesentliche Gruppen an Einflussfaktoren in den Konstrukten ausmachen: kognitive, emotionale und motivationsbedingte Effekte. Zunächst werden die Effekte beschrieben und hinsichtlich ihrer Plausibilität zur Erklärung des Flatrate-Bias im öffentlichen Nahverkehr hin bewertet. Anschließend werden die vermuteten Kausalzusammenhänge zwischen ihnen und dem beobachteten Flatrate-Bias in einem Erklärungskonstrukt zusammen geführt.

4.2.3.1. Kognitive Effekte

Im folgenden wird die Informationsverarbeitung des Menschen als "Kognition" verstanden.

Überschätzungseffekt Der Tarifwahl liegen Annahmen zum Nutzungsverhalten zu Grunde. Berücksichtigung finden hierbei Annahmen zur minimalen, maximalen und durchschnittlichen Nutzungszahl, die mit der Gewinnschwelle des Tarifs mit Festpreis verglichen werden. Dabei wird allerdings der minimalen und maximalen Nutzungszahl eine zu hohe Bedeutung beigemessen.
Die Analysen von Nunes (2000) zeigen, dass es den Probanden schwer fällt für jede mögliche Ausprägung ihres Nutzungsverhaltens die richtige Wahrscheinlichkeit zuzuordnen. Statt dessen wird allen Ausprägungen eine ähnliche Wahrscheinlichkeit zugewiesen auch den in der Realität eher unwahrscheinlichen Extremwerten. Daher wird der Einfluss der minimalen und maximalen Nutzung auf die typische Nutzungszahl überschätzt. Da die Nutzungshäufigkeit in der Realität meistens einer rechtsschiefen Verteilung gleichkommt, führt die hier beschriebene Fehleinschätzung zu einer Überschätzung der typischen Nutzungshäufigkeit. Zusätzlich wird die Überschätzung auch nicht in

Frage gestellt, da Kunden üblicherweise ihrer Schätzung ein zu großes Vertrauen beimessen, wie Grubb (2009) ausführt.

Die Verschiebung aufgrund dieser Fehleinschätzung zugunsten eines Tarifes mit Festpreis wird als Überschätzungseffekt bezeichnet. Da eine Schätzung der eigenen Nutzungshäufigkeit von Bus&Bahn in dieser Erhebung nicht erfolgt sondern eine Nutzungshäufigkeit vorgeben wird, kann auf eine Integration des Überschätzungseffekts in das Erklärungskonstrukts verzichtet werden.

4.2.3.2. Emotionale Effekte

Die Tarifwahl kann durch subjektive Gefühlserlebnisse beeinflusst werden. Diese werden von den Menschen bewusst oder unbewusst wahrgenommen.

Taxametereffekt Nutzungsabhängige Tarife führen bei jedem Konsum dem Nutzer die entstandenen Kosten vor Augen. Tarife mit Festpreis führen die Kosten nur einmalig für die gesamte Geltungszeit dem Nutzer vor. Nach der Theorie der mentalen Buchführung verfügen Nutzer über verschiedene Konten für Ausgaben (Thaler, 1999). Sowohl die Konten selber als auch der Zeitpunkt der Buchungen von Ausgaben auf diesen Konten werden unterschiedlich gewichtet. Aufgrund der einmaligen Zahlung bei Tarifen mit Festpreis, die von der Nutzung in den meisten Fällen zeitlich entfernt liegt, wiegen die Kosten hierfür weniger schwer. Bei nutzungsabhängigen Tarifen fallen die Kosten zeitnah an und wiegen demnach schwerer. Somit wird davon ausgegangen, dass der Konsum bei einem Tarif mit Festpreis sich angenehmer darstellt.

Insbesondere für kilometerabhängige Tarife könnte ein vorhandener Taxametereffekt negativ wirken, da mit jedem zurückgelegten Wegstück auch zusätzliche Kosten verursacht werden. Es ist demnach sehr wichtig für die Tarifgestaltung zu wissen, ob und wie stark ein Taxametereffekt wirkt.

Versicherungseffekt Tarife mit Festpreis verhindern Variationen im Preis. Schon zu Beginn der Gültigkeitsdauer kennt der Kunde die anfallenden Kosten und kann diese in seiner Budgetplanung berücksichtigen.

Diese Stabilität des Preises wird von Kunden geschätzt, die das Risiko höherer Kosten bei überdurchschnittlicher Nutzung nicht tragen möchten. Sie versichern sich mit der Wahl eines Tarifes mit Festpreis gegen positive Ausschläge der Kosten. Auf der anderen Seite verhindert der Festpreis auch die Einsparmöglichkeiten in den Fällen, in denen es zu einer unterdurchschnittlichen Nutzung kommt. Hier könnten Kosten entfallen, wenn ein nutzungsabhängiger Tarif gewählt würde.

Beide Beweggründe könnten sich gegenseitig aufheben, jedoch gibt es die allgemeine Tendenz, Verluste stärker zu bewerten als Gewinne, wie Kahneman u. Tversky (1979) ausführen. Hierdurch ist das Bestreben positive Ausschläge der Kosten zu verhindern stärker als von negativen Ausschlägen zu profitieren. Die unter dem Strich verbleibende Verlustaversion drückt sich demnach im Versicherungseffekt aus.

Ein weiterer Aspekt des Versicherungseffektes wird in Kridel u. a. (1993) eingebracht. Der Tarif mit Festpreis bietet dem Kunden auch die Möglichkeit, während des Gültigkeitszeitraums eine höhere Nutzung als geplant vorzunehmen, ohne dass Mehrkosten für ihn entstehen. Der Nutzen aus dieser Option einer eventuellen Mehrnutzung wird ebenfalls dem Versicherungseffekt zugeschrieben.

Generell lässt sich ein Versicherungseffekt bei den Nutzern des öffentlichen Nahverkehrs vermuten und wird als Bestandteil des Erklärungskonstrukts genutzt. Analysen der Nutzungsmuster des öffentlichen Nahverkehrs von Schönfelder u. Axhausen (2009) zeigen allerdings nur geringe Schwankungen in der Nutzungshäufigkeit. Für erwachsene Personen unterhalb des Rentenalters, die den öffentlichen Nahverkehr häufig nutzen, überwiegt der Fahrzweck zur Arbeitsstätte oder zur Ausbildungsstätte und die dazugehörigen Rückwege. Diese Wege sind gleichmäßig über die Zeit verteilt. Auf Wegen mit anderen Fahrtzwecken kommen Bus & Bahn weit weniger zum Einsatz. Daher schwanken die Nutzungshäufigkeiten des Nahverkehrs nicht in ähnlicher Weise wie z. B. die Nutzungsintensität von Internetanschlüssen gemessen anhand des Datenvolumens.

Werbungseffekt Für viele Produkte und Dienstleistungen werden gezielt Informationen verteilt, um ein gewünschtes Gefühl oder einen bestimmten Gedanke bei anderen Menschen anzuregen. Werbekampagnen zeigen häufig ihre Wirkung nur unterschwellig. Selbst ein Hinweis der Probanden, dass sie sich durch Werbeinformationen nicht beeinflussen lassen sollen, kann dies nicht verhindern (Held u. Scheier, 2006).

Auch im Bereich öffentlicher Nahverkehr werden Tarife gezielt beworben und Werbungseffekte sind bei der Tarifwahl anzusetzen. In der durchgeführten Erhebung wird allerdings kein Bezug zu aktuellen Tarifen genommen, die möglicherweise beworben wurden oder beworben werden. Des weiteren werden allen Probenden zwei sehr einfache Tarife genannt, die nicht in Bezug zu realen Tarifen gesetzt werden. Somit ist die Wahrscheinlichkeit gering, dass der Proband sich an das durch die Werbung gezeigte Verhalten anlehnt. Daher wird angenommen, dass die Wirkung eines Werbungseffekts auf den Flatrate-Bias in dem genutzten Szenario vernachlässigt werden kann.

4.2.3.3. Motivationsbedingte Effekte

Münden subjektive Gefühlserlebnisse in ein zielorientiertes Verhalten, so wird dies als Motivation bezeichnet. Die Ursachen dieser Gefühlserlebnisse können ganz verschieden sein, ebenso das hieraus resultierende Verhalten der Personen. Im Weiteren werden alle diese Ursachen, die ein zielorientiertes Verhalten bewirken, unter motivationsbedingten Effekten zusammengefasst.

Selbstdisziplinierungseffekt Ein geändertes Konsumverhalten wird angestrebt. Dies kann bei der Entscheidung für einen Festpreis-Tarif bei einer Online-Zeitung durch die Meinung begründet sein, dass die Allgemeinbildung durch regelmäßiges Lesen der Tageszeitung positiv beeinflusst wird. Um dem regelmäßigem Lesen einen Antrieb zu geben, wird nicht das aktuelle Nutzungsverhalten bei der Tarifwahl zugrunde gelegt, sondern ein gewünschtes zukünftiges Leseverhalten.

Neben dem Wunsch nach einer gesteigerten Nutzung kann ebenfalls eine Reduzierung des Konsumverhaltens angestrebt werden. Bringt ein übermäßiger Konsum negative Auswirkungen auf die Gesundheit mit sich, so kann es die Intention sein, auf einen Tarif mit Festpreis zu verzichten. Somit fällt die Motivation, möglichst viel Leistung bei gleichbleibenden Kosten nachzufragen, weg. Häufig zu beobachten ist dieser Effekt bei all-you-can-eat-Restaurants und wird auch als Maßlosigkeitseffekt bezeichnet (Just u. Wansink, 2011). Generell beschreibt der Selbstdisziplinierungseffekt den Wunsch nach einem veränderten Konsumverhalten (Wertenbroch, 1998).

Auch in Bezug zum öffentlichen Nahverkehr mag der grüne Umweltgedanke dazu führen, eine vermehrte Nutzung von Bus & Bahn anzustreben. Als Motivationshilfe wird daher eine gewünschte Mehrnutzung bei der Tarifwahl zugrunde gelegt. Auch wenn davon auszugehen ist, dass dieser Effekt nur bei einem Teil der Klientel vorhanden ist, wird er ins Erklärungskonstrukt aufgenommen. Negative Auswirkungen auf die Gesundheit aufgrund der Nutzung öffentlicher Verkehrsmittel oder die Gefahr eines übermäßigen Konsums erscheinen im Verkehrskontext nicht existent. Daher wird der Selbstdisziplinierungseffekt in dieser Untersuchung einseitig auf eine gewünschte Mehrnutzung ausgerichtet. Dabei wird hier die Mehrnutzung des ÖPV auf eine Verschiebung im Modal Split beschränkt bei gleichbleibender Gesamtverkehrsleistung. Idealerweise soll diese Verschiebung mehrheitlich vom MIV zum ÖPV hin erfolgen.

Eine Mehrnutzung, die einhergeht mit einer Erhöhung der Gesamtverkehrsleistung, kann durchaus auch als wünschenswert angestrebt werden oder als willkommene Möglichkeit in Kauf genommen werden. Diese Art der Mehrnutzung wird als induzierter Verkehr bezeichnet und gerne durch einen ungewöhnlich weiten Weg einer Person in Rente zur Besorgung von einigen wenigen Brötchen symbolisiert. Selbst wenn das Kostenbudget durch die Nutzung des ÖPV nicht weiter belastet wird als ohnehin durch die Kosten für einen Tarif mit Festpreis, wirkt das zum Großteil ausgeschöpfte Zeitbudget solchen Wege bei weiten Teilen der Bevölkerung entgegen. Für einige Bevölkerungsgruppen beinhaltet das Zeitbudget allerdings den nötigen Freiraum für derartige Wege. So zeigt Müller (2010) mit Hilfe einer Online-Befragung von 4.446 Studenten der Universität Bielefeld, dass 28 % der ÖV-Wege mit einer durchschnittlichen Länge von 104 km im Falle einer Nichtexistenz der landesweit gültigen Semesterzeitkarte, einem Tarif für Studenten mit Festpreis, nicht durchgeführt worden wären. Unter Beachtung des Modal-Splits von 12 % ÖV-Wegen in dieser Personengruppe, ergibt sich für das Gesamtverkehrsaufkommen ein induzierter Verkehr von ca. 3 %. Angaben zur induzierten Gesamtverkehrsleistung werden nicht gemacht. Da die Befragung nicht repräsentativ für die Gesamtheit der Studenten durchgeführt wurde, kann das Ergebnis nur die Existenz der Fahrt induzierenden Wirkung von Tarifen mit Festpreisen belegen, nicht aber ihre Größenordnung sicher quantifizieren.

Der Nutzen dieser induzierten Wege wird aufgrund der geringen Zahlungsbereitschaft für sie als gering eingestuft und scheint sich zum Teil auf den Weg selber als das Ziel zu erschöpfen. Die aus ihr erwachsende Motivation zur Wahl eines Tarifs mit Festpreis wird im Verhältnis zu den eingangs geschilderten Beweggründen für eine Verschiebung im Model Split als geringer eingestuft und bei dieser Untersuchung nicht weiter betrachtet.

Bequemlichkeitseffekt Eine begründete Auswahl des Tarifes kann nur dann erfolgen, wenn alle nötigen Informationen vorliegen. Die benötigten Informationen stimmen nicht immer mit den beworbenen Vorteilen des jeweiligen Tarifes überein. Für den Kunden bedeutet dies, dass nötige Informationen beschafft werden müssen und dies ist in der Regel mit einem Aufwand verbunden. Wird der Aufwand nicht geleistet, so zeigen Kling u. Van der Plög (1990), dass die Wahrscheinlichkeit einen Tarif mit Festpreis zu wählen über der Wahrscheinlichkeit liegt, sich für einen nutzungsabhängigen Tarif zu entscheiden. Insbesondere die Tarifbestimmungen im öffentlichen Nahverkehr weisen in der Regel keine einfache Struktur auf (Schweiger, 2012). Üblicherweise wird der Informationsbeschaffung ein erheblicher Aufwand

Abb. 4.1.: Flatrate-Bias Erklärungskonstrukt

zugewiesen. Daher wird der Bequemlichkeitseffekt als wesentlicher Teil des Erklärungskonstrukts aufgenommen.

4.2.4. Erklärungskonstrukt

Aus der Diskussion der möglichen Effekte ergeben sich insgesamt vier Effekte, die vermutlich in einem kausalen Zusammenhang zum Flatrate-Bias stehen. Da keine weiteren Erkenntnisse bezüglich der Abhängigkeit der Effekte existieren, werden alle Effekte so modelliert, dass sie einen direkten Einfluss auf den Flatrate-Bias haben. Eine Übersicht des Erklärungskonstrukts ist in Abbildung 4.1 dargestellt.

4.2.5. Empirische Untersuchung

Die Messung der Stärke der Effekte wird indirekt anhand von Indikatoren durchgeführt. Die Indikatoren bestehen aus Aussagen, die anhand einer Likert-Skala mit 5 Stufen bewertet werden. Die zur Verfügung stehenden Kategorien sind: "trifft vollständig zu", "trifft zu", "weder noch", "trifft nicht zu" und "trifft überhaupt nicht zu". Da die Messung indirekt über die Bewertung von Aussagen erfolgt, ist auf die Formulierung dieser Aussagen besondere Aufmerksamkeit zu legen (Churchill, 1979). Idealerweise würde jeder Effekt über mehrere Indikatoren gemessen werden. Dadurch würde auch eine Überprüfung der Reliabilität ermöglicht.

Tab. 4.6.: Indikatoren zur Erfassung des Flatrate-Bias

Indikator	zu bewertende Aussage
Versicherungseffekt	„Ich bin lieber auf der sicheren Seite und zahle den Festbetrag. Dafür wird es auch nie teurer."
Taxametereffekt	„Wäre der Betrag nicht fest, so würde ich ständig versuchen, eine Fahrt einzusparen. Das würde mich stressen und viel Zeit kosten."
Bequemlichkeitseffekt	„Der Aufwand, den günstigsten Tarif zu ermitteln, lohnt sich normalerweise gar nicht."
Selbstdisziplinierungseffekt	Fall PKW-Verfügbarkeit gegeben: „Ich bin eher bereit, das Auto stehen zu lassen und in Bus&Bahn zu steigen, wenn ich einen Festbetrag gezahlt habe." Fall keine PKW-Verfügbarkeit gegeben: "Wenn ich einen Festbetrag gezahlt habe, würde ich wahrscheinlich auch einmal andere Ziele für meine Freizeit wählen und dort mit Bus&Bahn hinfahren."

Der Umfang der durchgeführten Erhebung ließ aus Zeitgründen keine Mehrfachbewertungen der Effekte zu; es konnte nur jeweils eine Aussage für jeden Effekt integriert werden. Um dennoch ein hohes Maß an Reliabilität zu erreichen, wurden in zwei seriell geschalteten Voruntersuchungen die genutzten Aussagen erarbeitet. Die erste Voruntersuchung bestand aus einer Bewertung des Verständnisses und der Eindeutigkeit durch Experten im Bereich Mobilitätserhebungen. Diese erste Stufe reduzierte die Menge der in Frage kommenden Aussagen auf 18.

Die zweite Voruntersuchung wurde bei Studenten im Anschluss an eine Vorlesung durchgeführt. Insgesamt wurden 169 Studierenden gebeten, an einer schriftlichen Befragung teilzunehmen, von denen 165 Studenten einen vollständig ausgefüllten Fragebogen abgaben. Mithilfe von Item-to-Total Korrelationsanalysen und Faktorenanalysen wurden für jeden Effekt jeweils die Aussage mit der höchsten Reliabilität ausgewählt. In Tabelle 4.6 sind die vier ausgewählten und von den späteren Probanden zu bewertenden Aussagen aufgeführt.

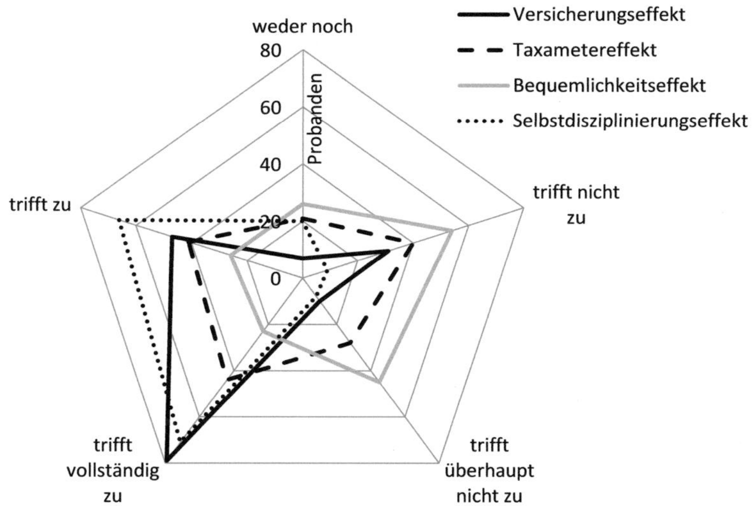

Abb. 4.2.: Verteilung der Effektbewertungen

Neben der Erfassung der Effektstärken wurden die Probanden in eine hypothetische Auswahlsituation gebracht. Ausgehend von einer durchschnittlichen Nutzung von 16 Fahrten mit Bus & Bahn je Monat wurden ihnen in vier Situationen unterschiedliche minimale und maximale Nutzungszahlen je Monat vorgegeben. In jeder der Situationen mussten sie sich zwischen einem nutzungsabhängigen Tarif mit einem Preis von 1 € pro Fahrt und einem Tarif mit Festpreis entscheiden. Dabei wurde der Festpreis für jeden Probanden zufällig ausgewählt und betrug entweder 16 € oder 20 €.

4.2.6. Ergebnisse

Die quantitative Analyse der Bewertung der Aussagen zu den Effekten ist in Abbildung 4.2 dargestellt. Auf den einzelnen Achsen der Spinne ist die absolute Anzahl an Probanden angegeben, die die entsprechende Bewertung abgegeben haben. Da alle Aussagen von allen Probanden beantwortet wurden, liegen zu jeder Aussage gleich viele Bewertungen vor.

Tab. 4.7.: Anteil Probanden mit Festpreis-Tarif (FT)

| | Fahrten | | Gruppe 1 (20 €) | | Gruppe 2 (16 €) |
Situation	Min	Max	Anteil FT	Erlös	Anteil FT
1	0	26	38 %	+10 %	51 %
2	0	32	64 %	+16 %	75 %
3	10	24	77 %	+19 %	91 %
4	10	36	95 %	+24 %	94 %

Die Probanden konnten sich bei allen Aussagen in der Mehrheit entweder zu einer positiven oder einer negativen Bewertung entscheiden. Auf die neutrale Antwortmöglichkeit "weder noch" entfielen je Aussage nur etwas über 10 %. Die Aussagen zum Versicherungs- und Selbstdisziplinierungseffekt bewertet die Mehrheit der Probanden für sich als zutreffend, während die Aussage zum Bequemlichkeitseffekt von der Mehrheit als nicht zutreffend bewertet wird.

In Tabelle 4.7 sind die Anteile der Probanden dargestellt, die sich in den vier verschiedenen Situationen zur Wahl eines Tarifs mit Festpreis (FT) entschieden haben. Für die Gruppe 2 ergeben sich in dieser hypothetischen Situation keinerlei Vorteile, wenn sie einen Tarif mit Festpreis wählen. Aufgrund der durchschnittlichen Nutzung von 16 Fahrten im Monat sind die Kosten bei beiden Tarifen gleich. Zu erwarten wären daher Anteile von ungefähr 50 %. Dennoch ist zu erkennen, dass in allen Situationen der Anteil an Probanden größer ist, die sich für einen Tarif mit Festpreis entschieden haben.

Die Anteile der Probanden in der Gruppe 1, die sich für einen Tarif mit einem Festpreis von 20 € entschieden, liegt bis auf Situation 4 unter den Anteilen der Gruppe 2. Aber auch hier liegen die Anteile in der Mehrzahl über 50 %. Die Auswirkungen auf den Erlös ergeben sich aus der Differenz zwischen optimalem und gewähltem Tarifverhalten bezogen auf die Gesamtkosten unter optimaler Tarifwahl. Der Festpreis für Gruppe 2 liegt 25 % über dem optimalen Preis, somit sind die Auswirkungen auf den Erlös auch auf diese 25 % begrenzt. Die Erkenntnisse aus dieser hypothetischen Situation spiegeln die Ergebnisse aus den Analysen des Mobilitätsverhaltens wider (Kapitel 4.2.2).

Tab. 4.8.: Spearman-Korrelation der Effektvariablen

	VE	TE	BE	SE
Versicherungseffekt (VE)	1,000	0,339 (<0,001)	-0,131 (0,085)	0,246 (0,001)
Taxametereffekt (TE)	0,339 (<0,001)	1,000	0,027 (0,7227)	0,190 (0,0121)
Bequemlichkeitseffekt (BE)	-0,131 (0,085)	0,027 (0,7227)	1,000	0,097 (0,2039)
Selbstdisziplinierungs- effekt (SE)	0,246 (0,001)	0,190 (0,0121)	0,097 (0,2039)	1,000

Signifikanzniveau in Klammern

Zur Quantifizierung der Effektstärken fließen die gemessenen Einstellungswerte als unabhängige Variablen in ein Regressionsmodell. Eine wesentliche Voraussetzung hierfür ist, dass zwischen den unabhängigen Variablen keine hohe Multikollinearität vorliegt. Da die Effektvariablen auf ordinalem Skalenniveau vorliegen, wird die Spearman-Korrelation zur Abschätzung der Multikollinearität genutzt. In Tabelle 4.8 ist die Korrelationsmatrix angegeben. Alleinig der Versicherungseffekt zeigt zu allen andern Effekten leichte Korrelationen, die signifikant sind auf einem 90 %-igen Vertrauensniveau. Dabei ist die Korrelation zwischen Versicherungs- und Taxametereffekt mit einem Wert von 0,339 am stärksten ausgeprägt. Des Weiteren ist auch die Korrelation zwischen Taxameter- und Selbstdisziplinierungseffekt signifikant von 0 verschieden. Insgesamt liegen die Korrelationswerte aber zwischen der Spanne von −0,4 und +0,4 und widersprechen damit nicht der Anwendung eines logistischen Regressionsmodells (Hosmer u. Lemeshow, 2000).

Um den Einfluss der Effekte auf den Flatrate-Bias zu quantifizieren, wird folgendes binomiales logistisches Regressionsmodell genutzt:

$$\begin{aligned} logit\, P(FR) \;=\;\; & \beta_0 + \beta_1 \cdot VE + \beta_2 \cdot TE + \beta_3 \cdot BE + \beta_4 \cdot SE \\ & + \beta_5 \cdot KFT + \beta_6 \cdot MIN + \beta_7 \cdot MAX \end{aligned} \qquad (4.2)$$

Tab. 4.9.: Einfluss der Effekte auf den Flatrate-Bias

	Koeffizient	Std.-fehler	z-Wert	Odds Ratio
(intercept)	-1,962	1,302	-1,593	0,141
Versicherungseffekt (VE)	0,679***	0,090	7,536	1,972
Taxametereffekt (TE)	-0,078	0,080	-0,971	0,925
Bequemlichkeitseffekt (BE)	-0,103	0,077	-1,342	0,902
Selbstdisziplinierungseffekt (SE)	0,056	0,098	0,567	1,057
Kosten Festpreis-Tarif (KFT)	-0,163**	0,053	-3,080	0,849
Minimale Nutzung (MIN)	0,227***	0,025	9,229	1,255
Maximale Nutzung (MAX)	0,156***	0,028	5,537	1,169

*** Signifikant auf 99,9 % Niveau; ** Signifikant auf 99 % Niveau

wobei als unabhängige Variablen der Versicherungseffekt (VE), der Taxametereffekt (TE), der Bequemlichkeitseffekt (BE), der Selbstdisziplinierungseffekt (SE), die Kosten des Tarifs mit Festpreis (KFT) und die minimale (MIN) und maximale (MAX) Nutzungshäufigkeiten eingehen. Die binäre abhängige Variable stellt die Wahl des Tarifs mit Festpreis (FR = 1 bei Wahl des Festpreises) dar. Die Ergebnisse der Modellschätzung für die gesamte Stichprobe sind in Tabelle 4.9 dargestellt.

Von den Effekten des Erklärungskonstrukts hat nur der Versicherungseffekt einen signifikanten Einfluss auf den Flatrate-Bias. Der positive Wert des Koeffizienten besagt, dass mit jeder Steigerung des Versicherungseffektes um einen Bewertungsschritt, die Wahrscheinlichkeit, einen Festpreis-Tarif zu wählen um den Faktor 1,972 anwächst. Die anderen drei Effekte zeigen keinen signifikanten Einfluss. Die Kosten für den Festpreis-Tarif erweisen sich als signifikant und belegen die Grundannahme, dass eine Erhöhung der Kosten für einen Festpreis-Tarif seine Wahl unwahrscheinlicher macht – der Odds Ratio beträgt hier 0,849. Insgesamt ergibt das Modell ein Bestimmtheitsmaß nach McFadden von Pseudo-$R^2 = 0{,}27$.

Die Modellierung des Überschätzungseffekts als Verhältnis der Differenzen zwischen der durchschnittlichen Nutzung und den beiden Grenzen der minimalen und maximalen Nutzung wurde nicht beibehalten. Zunächst wurde der Überschätzungseffekt (ÜE) so modelliert, wie von Nunes (2000) vorgeschlagen:

$$\ddot{U}E = \frac{N_{max} - N_{break-even}}{N_{break-even} - N_{min}} \tag{4.3}$$

mit der minimalen Nutzung N_{min}, der maximalen Nutzung N_{max} und der kostendeckenden Nutzungsmenge $N_{break-even}$, ab welcher die Gewinnschwelle erreicht wird.

Die Ergebnisse zeigen aber, dass der Einfluss der minimalen Nutzung größer ist, als der der maximalen Nutzung. Die Odds Ratio der minimalen Nutzung liegt mit 1,255 über dem Wert von 1,169 für die maximale Nutzung. Die Wahrscheinlichkeit, sich für einen Tarif mit Festpreis zu entscheiden, ist demnach höher, wenn die minimale Nutzung erhöht wird im Vergleich zu einer gleichwertigen Erhöhung der maximalen Nutzung. Somit ist die Modellierung des Überschätzungseffekts wie in der Gleichung 4.3 vorgeschlagen nicht sinnvoll. Der Überschätzungseffekt wird daher durch die beiden Werte der minimalen und maximalen Nutzung abgebildet.

In Tabelle 4.10 ist als zusätzliche, unabhängige Variable der Zeitkartenbesitz eingeflossen. Der Besitz einer Zeitkarte wurde außerhalb des Erhebungsteils zum Flatrate-Bias erfasst. Die Variable Zeitkarte ist binär und nimmt den Wert 1 an, wenn die Person im Besitz einer Zeitkarte ist, sonst den Wert 0. Sie wurde mit den Effektvariablen Taxameter-, Bequemlichkeits- und Selbstdisziplinierungseffekt kombiniert, um die unterschiedliche Wirkung der Effekte für Personen mit und ohne Zeitkarte erkennen zu können. Auf eine Kombination mit dem Versicherungseffekt wurde verzichtet, da sich die Schätzwerte der Koeffizienten kaum unterschieden und die Modellgüte hierdurch geringfügig verlor. Das Modell besitzt ein Bestimmtheitsmaß nach McFadden von Pseudo-$R^2 = 0{,}29$.

Der Taxametereffekt hat einen deutlich geringeren Effekt auf den Flatrate-Bias als der Versicherungs- und Bequemlichkeitseffekt. Nur für die Probanden ohne eine Zeitkarte stellt er sich als schwach signifikant dar. Interessanterweise übt er im Modell für diese Gruppe einen negativen Ein-

Tab. 4.10.: Einfluss der Effekte auf den Flatrate-Bias unter Berücksichtigung des Zeitkartenbesitzes

	Koeffizient	Std.-fehler	z-Wert	Odds Ratio
(intercept)	-2,290[+]	1,259	-1,819	0,101
Versicherungseffekt	0,696***	0,093	7,462	2,005
Taxametereffekt	-0,155[+]	0,094	-1,656	0,856
Taxametereffekt * Zeitkarte	0,163	0,177	0,924	1,178
Bequemlichkeitseffekt	-0,235**	0,090	-2,62	0,791
Bequemlichkeitseffekt * Zeitkarte	0,520**	0,188	2,776	1,683
Selbstdisziplinierungseffekt	-0,047	0,109	-0,427	0,954
Selbstdisziplinierungseffekt * Zeitkarte	0,417	0,268	1,559	1,518
Zeitkarte	0,206	0,412	0,499	1,229
Kosten Festpreis-Tarif	-0,160**	0,054	-2,969	0,852
Minimale Nutzung	0,233***	0,025	9,296	1,262
Maximale Nutzung	0,161***	0,029	5,588	1,174

*** Signifikant auf 99,9 % Niveau; ** Signifikant auf 99 % Niveau;

* Signifikant auf 95 % Niveau; + Signifikant auf 90 % Niveau

fluss auf die Präferenz von Tarifen mit Festpreis aus. Dies bedeutet, dass trotz einer zustimmenden Bewertung der Aussage zum Taxametereffekt, dies nicht zu einer Präferenz für Tarife mit Festpreis führt.

Der Bequemlichkeitseffekt stellt sich für beide Gruppen als signifikant dar. Probanden mit Zeitkartenbesitz scheuen sich, alle Feinheiten im Tarifgefüge zu ergründen und den für sie optimalen Tarif zu bestimmen. Sie zeigen eine gewisse Trägheit, ihren Tarif zu verlassen und tendieren zu ihrem gewohnten Tarif mit Festpreis. Eine monetäre Quantifizierung dieses Effekts ergibt sich durch Division des geschätzten Koeffizienten der Effektstärke durch den geschätzten Einfluss der in Eruo gemessenen Kosten des Festpreis-Tarifs. Im Falle des Bequemlichkeitseffekts ergibt sich demnach, dass Probanden bereit sind, 3,26 € mehr zu zahlen je zustimmendem Bewertungsschritt des Bequemlichkeitseffekts.

Eine vergleichbare Trägheit, den bekannten Tarif nicht zu verlassen, liegt auch in der Gruppe der Probanden vor, die keine Zeitkarte besitzen. Sie bevorzugen den nutzungsabhängigen Tarif je stärker der Bequemlichkeitseffekt ausgeprägt ist.

Der Selbstdisziplinierungseffekt stellt sich für beide Gruppen als nicht signifikant dar. Allerdings liegt er für die Gruppe der Probanden mit Zeitkarte nur geringfügig unter dem Signifikanzniveau von 90 %. Auch wenn der Selbstdisziplinierungseffekt statistisch nicht nachgewiesen werden konnte, zeigen die Ergebnisse, dass für Probanden mit Zeitkartenbesitz die Motivation zu Mehrnutzung wahrscheinlich mit ein Grund für den Flatrate-Bias in dieser Personengruppe ist. Der Zeitkartenbesitz alleine zeigt keinen signifikanten Einfluss auf den Flatrate-Bias.

Für die Gestaltung von Tarifen zeigt sich deutlich, dass der Hauptgrund für eine Präferenz von Tarifen mit Festpreis in der Versicherung gegenüber steigenden und nicht vorher bekannten Kosten liegt. Probanden der Erhebung waren bereit, 4,34 € für diese Versicherung zu zahlen. Der Ausblick auf Einsparungen durch geringere Nutzung bei einem nutzungsabhängigen Tarif wird deutlich schwächer bewertet. Dem Bestreben nach Kostenbegrenzungsmöglichkeiten sollte daher bei der Gestaltung von Tarifen Rechnung getragen werden.

Eine feingliedrige Bepreisung der Leistung stellt keinen Grund für eine

Präferenz von Tarifen mit Festpreis dar. Lässt sich eine solche Bepreisung mit dem Wunsch nach Kostenbegrenzung kombinieren, so entspräche dies den Bestrebungen der Kunden. Der Wunsch nach einer umweltfreundlichen Transportdienstleistung wird ebenfalls sichtbar, allerdings nur für den Teil der Probanden, die heute auch schon im Besitz einer Zeitkarte sind und den ÖPV sehr regelmäßig nutzen.

4.3. Tarifmerkmalspräferenzen

Die Messung der Präferenzen und Einstellungen zu den einzelnen Tarifmerkmalen kann auf verschiedene Weise erfolgen. Ein wesentlicher Unterschied liegt in der Art der Präferenzerfassung. Diese kann für jedes Tarifmerkmal einzeln und direkt erfolgen und wird als kompositioneller Ansatz bezeichnet. Der dekompositionelle Ansatz hingegen erfasst die Präferenz durch Vergleich von Produkten, die in ihrer Gesamtheit mit allen Merkmalen dargestellt werden. Die Beurteilungen der gesamtheitlich dargestellten Produkte werden erfasst und später in Einzelurteile bezüglich der Produktmerkmale zerlegt, dekomponiert (Baier u. Brusch, 2009). Die hier angewandte Choice-Based-Conjoint (CBC) Analyse ist eine dekompositionelle Methode.

4.3.1. Empirische Untersuchung

Der wesentliche Vorteil der CBC wird in der realitätsnahen Darstellung des Auswahlprozesses gesehen. Dem Befragten werden dabei immer ganzheitliche Tarife zur Auswahl gestellt, gemäß dem full-profile-Ansatz (Baier u. Brusch, 2009; Axhausen, 1995). Somit stellen sich die alternativen Tarife dem Probanden so dar, wie sie sich auch in der Realität darstellen würden. Dadurch wird angestrebt, dass alle Alternativen für den Probanden sowohl mit wünschenswerten als auch mit nicht wünschenswerten Merkmalen behaftet sind und die Vorteile nicht nur auf Seiten der neuen technischen Systeme gesehen wird. In diesem Sinn können nicht wünschenswerte Merkmale auch durch eine Bepreisung ausgedrückt werden. Werden Tarifmerkmale hingegen losgelöst von einem gesamten Tarif betrachtet, so kann ihre Bedeutung nicht im Zusammenhang mit anderen Merkmalen analysiert werden. Des Weiteren ist somit eine ständige Aufmerksamkeit der Probanden nötig, da einfache Vergleiche mit hohen persönlichen Nutzungsunterschieden der Alternativen vermieden werden.

Ein wesentlicher Nachteil liegt darin begründet, dass der Proband bei allen Wahlentscheidungen immer die Gesamtheit aller Produktmerkmale vergleichen muss. Dadurch ist der Umfang der in die Untersuchung integrierbaren Merkmale begrenzt. Andernfalls würden die Probanden sich auf einige wenige oder ein einzelnes Merkmal konzentrieren. Diese Einschränkung ist im Hinblick auf die vielen Möglichkeiten, die durch flexible Tarife entstehen, nicht zu vernachlässigen. Allerdings konnten durch andere Studien schon die Merkmale identifiziert werden, die für die Kunden oder die Verkehrsunternehmen den größten Stellenwert genießen, siehe Kapitel 3.3. Dadurch engt sich das Spektrum der als sinnvoll zu betrachtenden Tarifmerkmale auf ein Maß ein, dass für eine gesamtheitliche Betrachtung noch als sinnvoll angesehen wird.

Die CBC ist nicht als eigenständiges statistisches Verfahren anzusehen. Sie beschreibt vielmehr das Zusammenwirken eines Messmodells mit einem statistischen Schätzmodell. Das hier genutzte Messmodell besteht dabei aus einem faktoriellen Versuchsplan, der die verschiedenen Merkmalsausprägungen der Produkteigenschaften kombiniert. Das hier verwendete statistische Schätzmodell bildet die Wahlentscheidung der Probanden über eine logistische Regression ab.

Generell stellt sich bei dieser Art der Untersuchung die Frage, ob eine kognitive Verarbeitung von Informationen der Befragten stattfindet. Bei bekannten Alternativen werden Entscheidungen im alltäglichen Zusammenhang meist aus der Routine heraus getroffen. Zum Zeitpunkt der durchgeführten Erhebung fanden flexible Tarife im Untersuchungsgebiet noch keine Anwendung und wurden in Deutschland nur vereinzelt eingesetzt. Die zur Anwendung kommenden Tarifmerkmale flexibler Tarife sind zwar einfach zu verstehende Konzepte, aber standen den Probanden in ihrem alltäglichen Handlungsumfeld bis jetzt nicht zur Verfügung. Es wird daher angenommen, dass es noch keine routinierten und gefestigten Handlungsweisen auf Seiten der Probanden gibt und sie sich daher kognitiv mit den beschriebenen Tarifmerkmalen auseinandersetzen.

4.3.2. Untersuchte Tarifmerkmale

Aufbauend auf den Analysen in Kapitel 3.3 werden die folgenden Tarifmerkmale mit ihren jeweiligen Ausprägungen in die Erhebung eingeschlossen:

- Räumliche Bemessungsgrundlage

  Die räumliche Bemessungsgrundlage wird in der klassischen Ausprägung, bei der die Anzahl der durchfahrenen Waben die Entfernung abbildet, und in der Ausprägung der exakten Luftlinienentfernung aufgenommen. Die Bepreisung anhand der exakten Entfernung wurde in verschiedenen Studien von Kunden als gerechter empfunden (GfK Group, 2003; Schweiger, 2012).

- Zeitliches Tarifmerkmal

  Das Tarifmerkmal Fahrtzeitpunkt stellt die Möglichkeit einer auslastungsabhängigen Bepreisung dar. Als typische Zeiträume der Hauptverkehrszeit wurde der Zeitraum 7–9 Uhr und 16–18 Uhr ausgewählt. In diesen Zeiträumen liegen im deutschlandweiten Durchschnitt 32 % der Startzeitpunkte aller ÖPV-Fahrten. Unter der Nebenbedingung, dass die Tarifergiebigkeit durch die auslastungsabhängige Bepreisung unter ceteris paribus Bedingungen unverändert bleiben soll, werden die Fahrpreise zwischen der Hauptverkehrszeit und der Nebenverkehrszeit entsprechend gespreizt. Als zeitlicher Bezugspunkt wurde der Zeitpunkt des Fahrtbeginns festgelegt mit einem Zeitbezug zur Fahrplanzeit.

- Mengenbezogenes Tarifmerkmal

  Das mengenbezogene Tarifmerkmal beinhaltet drei Ausprägungen. Sie unterscheiden sich je nachdem, ob der Proband zu Gruppe der Zeitkartenkunden gehört oder nicht. Die Ausprägungen werden in den folgenden beiden Kapiteln genauer beschrieben.

Insgesamt werden somit zwei Tarifmerkmale mit zwei Ausprägungen und ein Tarifmerkmal mit drei Ausprägungen verwendet. Dadurch ergäben sich $2 * 2 * 3 = 12$ Auswahlexperimente, die dem Probanden vorgelegt werden müssten. Aufgrund der begrenzten Befragungszeit wird nur die minimal

Tab. 4.11.: Untersuchte Tarifmerkmale bei Probanden ohne Zeitkarte

Tarifmerkmal	Ausprägung	Beschreibung
räumliche Bemessungsgrundlage	Luftlinienentfernung	Die Luftlinienentfernung zwischen Start- und Zielhaltestelle ist maßgebend.
	Anzahl Waben	Die Anzahl der durchfahrenen Waben ist maßgebend.
Fahrtzeitpunkt	Hauptverkehrszeit	Um 33 % erhöhter Preis in der Zeit von 7-9 Uhr und 16-18 Uhr, sonst reduziert um 18 %.
	keine Unterscheidung	Gleicher Preis über den Tag.
Menge	Guthaben	Monatliches Guthaben von 8 €, welches zu 33 % reduzierten Preisen genutzt werden kann.
	Airbag	Monatlicher Preis von 3 €. Fahrtstrecke ab dem 40. Kilometer zum halben Preis.
	keine Unterscheidung	Konstanter Preis und kein monatlicher Grundpreis.

nötige Anzahl an Auswahlexperimenten genutzt, wie es mit Hilfe des faktoriellen Design möglich ist (Kleppmann, 2011). Dadurch reduziert sich die Anzahl an Auswahlexperimenten auf sechs.

4.3.2.1. Probanden ohne Zeitkartenbesitz

Die meisten Probanden ohne Zeitkarte nutzen den ÖPV zwischen zwei und dreimal in der Woche (Chlond u. Wirtz, 2012). Die Nutzung bezieht sich demnach auf einzelne Anlässe. Bei der Verkehrsmittelwahl wird in der Regel nur der einzelne Weg oder der einzelne Ausgang betrachtet. Es erscheint demnach angebracht, die Tarifpräferenz auf Basis einzelner, von einander losgelöster Nutzungen zu analysieren.

In Tabelle 4.11 sind die untersuchten Tarifmerkmale und ihre Ausprägungen aufgeführt. Im Tarifmerkmal Nutzungshäufigkeit ist zum einen das Konzept "Guthaben" integriert. Hier wird vom Fahrgast ein monatliches

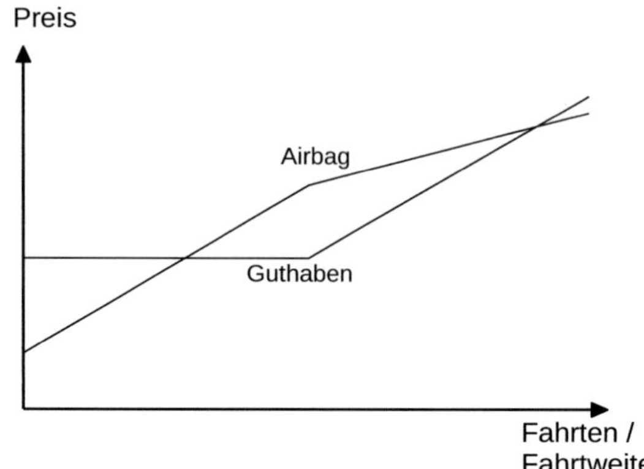

Abb. 4.3.: Preis-Absatzmenge-Funktion der Konzepte Guthaben und Airbag

Guthaben von 8 € einbezahlt. Für dieses Guthaben kann der Fahrgast zu reduzierten Preisen Leistung in Anspruch nehmen. Weitergehende Leistungen werden zu regulären Preisen verrechnet. Das Konzept stellt somit einen Anreiz dar, den ÖPV zu nutzen, um in den Genuss der reduzierten Preise zu kommen. Das Konzept "Guthaben" entspricht einem bucket pricing plan und kann als eine spezielle Form eines Zweiteiligen Tarifs angesehen (Kapitel 3.3.5.5) werden.

Das Konzept "Airbag" richtet sich besonders an die Fahrgäste, sie sich gegen stark schwankende Mobilitätskosten versichern wollen. Wie in Kapitel 4.2 gezeigt, bevorzugen viele Menschen, sich gegen Mobilitätskosten, die über dem Durchschnitt liegen, absichern zu können. Der Airbag bietet hierzu einen Fallschirm, der eine Bremswirkung entfaltet, wenn die Nutzung in einem begrenzten Zeitintervall über einen Grenzwert steigt. Er hat aber nur bremsenden Charakter, er stellt keine starre Deckelung dar wie in einem Tarif mit Festpreis. Er ist damit wahrscheinlich in seiner Wirkung anders anzusehen und kann mit der Wirkung des Versicherungseffektes nicht direkt verglichen werden.

Die Preis-Absatzmenge-Funktionen der beiden Konzepte sind in Abbildung 4.3 vereinfachend dargestellt. Aufgrund der zeitlichen Preisdifferenzierung ergeben sich leicht unterschiedliche Darstellungen.

Tab. 4.12.: Höhe der Rabattierung von Tarifen mit Festpreis

| | Rabattierung im Verhältnis zu | | |
Gültigkeitszeitraum	Einzelfahrt	Tageskarte	Monatskarte
Tag	2,1	—	—
Monat	20,2	9,6	—
Jahr	199,3	94,9	9,9

Verband Deutscher Verkehrsunternehmen (VDV) (2005) und eigene Analysen

4.3.2.2. Probanden mit Zeitkartenbesitz

Heutige Tarife mit Festpreis sind in der Regel rabattiert. Je nach zeitlicher Gültigkeit ergibt sich für den Kunden eine unterschiedliche Zahl an Fahrten, um die Gewinnschwelle zu erreichen. In Tabelle 4.12 sind für verschiedene Tarife mit Festpreis die Höhe der Rabattierung angegeben, wie sie sich im Mittel bei Verkehrsverbünden in Deutschland darstellen. Probanden mit Zeitkarte werden in der Regel ihre übliche Nutzung des ÖPVs abgeschätzt haben und danach entschieden haben, ob sie einen Tarif mit Festpreis wählen. Es wird angenommen, dass die Abschätzung der üblichen Nutzung dabei wahrscheinlich über ein Zeitfenster von einer Woche oder länger erfolgt.

Ausgehend von diesen Überlegungen wäre eine Befragung zu Tarifmerkmalen auf Ebene einzelner Fahrten für diese Personengruppe nicht zielführend. Die Probanden wären versucht, die fahrtbezogenen Tarifmerkmale auf ihre Nutzungsintensität zu übertragen.

Vielmehr ist hier eine Betrachtung der Mobilität von mindestens einer Woche sinnvoll, um den Probanden das von ihnen gewohnte Vorgehen zu ermöglichen. Für den anvisierten Zeitrahmen der Erhebung erschien die Zeitspanne von einer Woche als bester Kompromiss. Für diesen Zeitraum wurde die Mobilität der Probanden mit Bus & Bahn schematisch erfasst. Ein Bildschirmabzug des Dialogs ist in Abbildung 4.4 dargestellt. Hierbei wurde für die Werktage einzeln und für das Wochenende zusammengefasst die Anzahl der Wege je Wegezweck erfasst. Zusätzlich wurde die typische Entfernung [km] dieser Wege erfasst. Für die Wege an Werktagen wurde zusätzlich erhoben, ob diese vorwiegend zu Hauptverkehrszeiten stattfinden oder nicht.

Wegezweck	Montags	Dienstags	Mittwochs	Donnerstags	Freitags	Wochenende	typische Entfernung	werktags 7-9 Uhr	werktags 16-18 Uhr
Arbeit	2	2	2	2			6,5	☑	☐
Ausbildung								☐	☐
Einkauf		2				1	5	☐	☐
Freizeit		2				3	5	☐	☐
Anderes								☐	☐

Abb. 4.4.: Schematische Erfassung der Mobilität mit öffentlichen Verkehrsmitteln

Bei einer schematischen Erfassung der Mobilität zeigt sich, dass aktive Personen ihre Nutzungshäufigkeiten eher überschätzen (Forschungsgesellschaft für Straßen- und Verkehrswesen, 2012). Für die Erfassung von Mobilitätskennziffern ist dies unbedingt zu berücksichtigen. Bei der Tarifwahl allerdings, stellt die schematische Erfassung nur eine Gedankenstütze für den Probanden dar. Für den eigentlichen Tarifauswahlprozess können somit die Tarife mit den angegebenen Nutzungshäufigkeiten gefüllt werden und das Hochrechnen der Basisangaben eines Tarifs bleibt den Probanden erspart.

Des Weiteren ergeben sich in dieser Personengruppe deutliche mengenbezogene Preisunterschiede, falls ein zweiteiliger Tarif mit Leistungskomponente zum Ansatz kommt. Für heutige Zeitkartenkunden findet eine mengenbezogene Preisdifferenzierung nur auf Ebene der einzelnen Fahrt statt. Hier kommt in der Regel eine räumliche Bemessungsgrundlage auf Basis von Flächenzonen zum Einsatz. Auf Ebene der Fahrtenmenge kommt ein Festpreis zur Anwendung in Form eines zweiteiligen Tarifs mit entfallener Leistungskomponente. Die Anzahl der Fahrten, die im räumlichen Gültig-

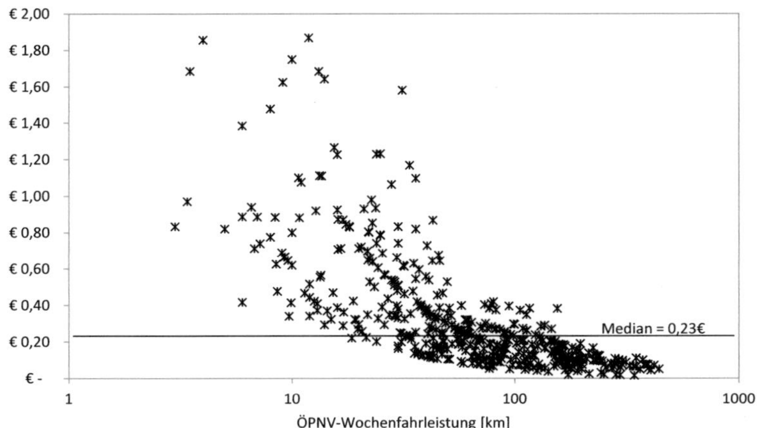

Abb. 4.5.: Kilometerpreise von Zeitkartenkunden in Abhängigkeit zur Fahrleistung

keitsbereich getätigt werden, haben demnach keinen Einfluss in die Preisfindung. Das bedeutet auf der anderen Seite, dass der Preis pro konsumierter Transportleistung erheblich zwischen den einzelnen Kunden schwankt, je nach Nutzungshäufigkeit.

Ist nun durch die Probanden ein zweiteiliger Tarif mit Leistungskomponente mit einem Festpreis-Tarif zu vergleichen, so würde die Entscheidung maßgebend durch die großen Preisunterschiede dominiert und anderen Aspekten fiele kaum eine Bedeutung zu. Eine quantitative Abschätzung dieser Preisunterschiede kann mit Hilfe von Mobilitätserhebungen durchgeführt werden.

Als Datengrundlage dient eine Mehrtageserhebung in der Region Rhein-Main aus den Jahren 2009 und 2010. Die über eine Woche berichtete Mobilität von Zeitkartenkunden wurde dabei analysiert und ihre Ausgaben für die Fahrscheine mit den zurückgelegten Entfernungen ins Verhältnis gebracht. In Abbildung 4.5 sind die Ergebnisse der Analyse als Kilometerpreise in Abhängigkeit zur Fahrleistung dargestellt (Li, 2012).

Dabei können die Hälfte der Zeitkartenkunden einen Kilometerpreis von 0,23 € oder weniger erreichen und 18 % einen Preis von unter 0,10 €. Die

Tab. 4.13.: Untersuchte Tarifmerkmale bei Probanden mit Zeitkarte

Tarifmerkmal	Ausprägung	Beschreibung
räumliche Bemessungsgrundlage	Luftlinienentfernung	Die Luftlinienentfernung zwischen Start- und Zielhaltestelle ist maßgebend.
	Anzahl Waben	Die Anzahl der durchfahrenen Waben ist maßgebend.
Fahrtzeitpunkt	Hauptverkehrszeit	Um 25 % erhöhter Preis in der Zeit von 7-9 Uhr und 16-18 Uhr, sonst reduziert um 10 %.
	keine Unterscheidung	Gleicher Preis über den Tag.
Menge	Nutzungsabhängig	Monatlicher Grundpreis entspricht der Hälfte des Zeitkartenpreises des Probanden.
	Nutzungsabhängig mit Airbag	Monatlicher Grundpreis entspricht 55 % des Zeitkartenpreises des Probanden. Deckelung erfolgt bei 120 % der angegebenen Nutzung.
	Festpreis	Monatlicher Grundpreis entspricht dem Zeitkartenpreis des Probanden.

Preisdifferenz zwischen oberem und unterem 25 %-Quantil beträgt 0,34 €. Aufgrund dieses beträchtlichen Preisunterschiedes werden keine absoluten mengenbezogenen Preise verwendet. Statt dessen wird basierend auf den Angaben der Probanden zur Nutzungsintensität von öffentlichen Verkehrsmitteln und den momentanen Ausgaben die Preise aller Tarife auf das angegebene Niveau soweit möglich angepasst. Dadurch liegen die Preise für die zu vergleichenden Tarife auf dem Niveau, das die Probanden auch angaben, in der Realität zu bezahlen. Somit ist eine einfache Konzentration auf den Preis und die Wahl des preisgünstigsten Tarifs in der Regel nicht möglich.

In Tabelle 4.13 sind die untersuchten Tarifmerkmale und ihre Ausprägungen aufgeführt. Bei den mengenbezogenen Tarifmerkmalen ist in zwei Konzepten eine nutzungsabhängige Bepreisung realisiert. Es wird in beiden Fällen ein zweiteiliger Tarif bestehend aus Grund- und Leistungskomponente genutzt. Das als "Airbag" bezeichnete Konzept entspricht einem angestoßenen Mengenrabatt bei der Leistungskomponente.

Sowohl der Preis der Grund- und Leistungskomponente als auch der Preis für die Funktionalität im Konzept "Airbag" richten sich nach den Ausgaben des Probanden für seine momentane Zeitkarte, denen im Falle einer gleichbleibenden Nutzung entsprochen wird. Nur das Konzept "Airbag" wird mit zusätzlichen 5 % des Zeitkartenpreises des Probanden beaufschlagt, um eine preisliche Differenzierung zum Tarifmerkmal der reinen Nutzungsabhängigkeit zu erreichen. Das dritte Konzept beim Tarifmerkmal Nutzungshäufigkeit entspricht dem heutigen Festpreis; es gibt keine mengenbezogene Preisdifferenzierung. Der Preis entspricht dem vom Probanden angegebenen Preis für seine momentane Zeitkarte.

4.3.3. Ergebnisse

4.3.3.1. Probanden ohne Zeitkarte

Die Einflüsse der Tarifmerkmale auf das Entscheidungsverhalten wird mit Hilfe des folgenden binomialen logistischen Regressionsmodells geschätzt:

$$logit\, P(TW) = \beta_0 + \beta_1 \cdot LL + \beta_2 \cdot HVZ + \beta_3 \cdot GUT + \beta_4 \cdot AIR \qquad (4.4)$$

wobei als unabhängige Variablen die Tarifmerkmale Luftlinienentfernung (LL), Hauptverkehrszeit (HVZ), Guthaben-Funktionalität (GUT) und die Airbag-Funktionalität (AIR) eingehen. Die binäre abhängige Variable stellt die Wahl des Tarifs (TW) dar. Die Ergebnisse der Modellschätzung für die gesamte Stichprobe sind in Tabelle 4.14 dargestellt.

Unterschiede in den Tarifpräferenzen zeigen sich vor allem Aufgrund des Geschlechts und des sozialen Status. Die Ergebnisse werden im Folgenden dargestellt.

Bei Frauen erfährt die stärkste Präferenz das Tarifmerkmal der Entfernungsmessung anhand der Luftlinie. Die Wahrscheinlichkeit, sich für einen Tarif mit dieser Ausprägung zu entscheiden ist, 2,1 mal so hoch im Vergleich zu einem Tarif, in dem dieses Merkmal fehlt. Wie in Kapitel 4.2

Tab. 4.14.: Tarifmerkmalpräferenzen bei Probanden ohne Zeitkarten-besitz bei Frauen (a) und Männern (b)

	Koef-fizient	Std.-fehler	z-Wert	Odds Ratio
(Intercept)	-0,313	0,193	-1,625	0,583
Luftlinienentfernung	0,725 ***	0,168	4,318	2,064
Hauptverkehrszeit	-0,172	0,168	-1,025	0,842
Guthaben	0,505 **	0,195	2,595	1,657
Airbag	-0,380 *	0,193	-1,972	0,684

McFadden Pseudo-R^2 = 0,15 | *** Signifikant auf 99,9 % Niveau

** Signifikant auf 99 % Niveau | * Signifikant auf 95 % Niveau

(a) Frauen (N=59)

	Koef-fizient	Std.-fehler	z-Wert	Odds Ratio
(Intercept)	0,163	0,191	0,856	1,177
Luftlinienentfernung	0,634 ***	0,165	3,855	1,885
Hauptverkehrszeit	-0,277 +	0,165	-1,682	0,758
Guthaben	-0,217	0,190	-1,139	0,805
Airbag	-0,793 ***	0,191	-4,163	0,452

McFadden Pseudo-R^2 = 0,15

*** Signifikant auf 99,9 % Niveau; + Signifikant auf 90 % Niveau

(b) Männer (N=59)

beschrieben, kann diese kontinuierliche Art der Entfernungsmessung zu einer Unbehaglichkeit während des Konsums führen. Die Ergebnisse zur Untersuchung des Flatrate-Bias zeigten schon, dass dieser Taxametereffekt nur eine untergeordnete Rolle spielt und auch in der Analyse der Tarifmerkmalspräferenz sind in der Summe keine Auswirkungen dieses Effekts zu erkennen.

Hinsichtlich des Tarifkonzepts Guthaben zeigt sich ebenfalls eine positive Präferenz. Die Wahrscheinlichkeit, sich für einen Tarif mit diesem Konzept zu entscheiden, ist 1,7-mal höher, als wenn dieses Merkmal fehlt. Eine ablehnende Präferenz erfährt das Konzept des Airbags. Diese Ablehnung ist unabhängig von der Stärke des Versicherungseffekts. Selbst Probanden, die die Einstellungsfrage zum Versicherungseffekt positiv beantworten, zeigen eine Ablehnung des Airbag Konzepts. Die schwach negative Präferenz hinsichtlich der Bepreisung nach Fahrtzeitpunkt ist nicht signifikant.

Auch bei Männern zeigt sich das Konzept der Entfernungsmessung anhand der Luftlinie als stärkste positive Einflussgröße zugunsten Tarifen mit diesem Konzept. Dabei liegt die Odds Ratio mit 1,9 unter dem Niveau der Frauen. Die ablehnende Präferenz der Bepreisung nach Fahrtzeitpunkt entspricht den Ergebnissen bei Frauen, zeigt sich bei Männern sogar als signifikant.

Das Konzept des Airbags wird ebenfalls von Männern abgelehnt. Dieses Konzept, welches bei vermehrter Nutzung des ÖPVs bremsend auf die Kosten wirkt, sollte für regelmäßige ÖPV Kunden ein Gefühl der Versicherung gegen eine fortschreitende Kostensteigerung bewirken. Doch insbesondere Probanden, die regelmäßig öffentliche Verkehrsmittel nutzen, zeigen eine nochmals verstärkte Ablehnung dieses Konzeptes. Im Gegensatz zu Frauen wird das Konzept des Guthabens bei Männern abgelehnt. Es zeigt sich aber keine Signifikanz.

Betrachtet man die Gruppe der Berufstätigen und der sich in Ausbildung befindlichen Personen, so ergeben sich weitere Präferenzunterschiede. In Tabelle 4.15 sind die Ergebnisse der Modellschätzung für diese Personengruppen dargestellt, wobei die Zugehörigkeit zur Gruppe der Berufstätigen in Teilzeit und der Auszubildenden zusammen als kombinierte erklärende Variable aufgenommen wird und als "Teilzeit&Ausb." benannt ist.

Tab. 4.15.: Tarifmerkmalpräferenzen bei Berufstätigen und Auszubildenden ohne Zeitkarte (N=88)

	Koeffizient	Std.-fehler	z-Wert	Odds Ratio
(Intercept)	-0,090	0,183	-0,493	0,914
Luftlinienentfernung	0,649 ***	0,166	3,903	1,914
Luftlinienentfernung * Teilzeit&Ausb.	-0,087	0,282	-0,307	0,917
Hauptverkehrszeit	-0,358 *	0,166	-2,153	0,699
Hauptverkehrszeit * Teilzeit&Ausb.	0,415	0,282	1,469	1,514
Guthaben	0,372 *	0,185	2,010	1,451
Guthaben * Teilzeit&Ausb.	-0,475[+]	0,282	-1,683	0,622
Airbag	-0,513 ***	0,155	-3,318	0,598
Airbag * Teilzeit&Ausb.	0,000	0,325	0,000	1,000
Teilzeit&Ausb.	-0,015	0,286	-0,053	0,985

McFadden Pseudo-R^2 = 0,14 | *** Signifikant auf 99,9 % Niveau

* Signifikant auf 95 % Niveau | [+] Signifikant auf 90 % Niveau

Für das Konzept der Entfernungsmessung und auch das Konzept der Funktionalität "Airbag" ergeben sich zwischen beiden Gruppen keine Unterschiede. Sowohl präferieren beide Gruppen das Konzept der exakten Entfernungsmessung als auch lehnen beide Gruppen die Funktionalität des Konzepts "Airbag" ab. Unterschiede gibt es aber hinsichtlich des Konzept der Hauptverkehrszeit und des Guthabens.

Die Gruppe der Berufstätigen in Vollzeit lehnt das Konzept der Bepreisung nach Fahrtzeitpunkt ab. Auch wenn sie selber aufgrund der fehlenden Zeitkarte wahrscheinlich nicht Bus&Bahn als Verkehrsmittel für den Weg zur und von der Arbeit wählen, wird die Mehrheit dieser Wege im angegebenen höherpreisigen Zeitbereich liegen und einer gelegentliche Nutzung von Bus&Bahn entgegen sprechen. Die in ihren Wegen wahrscheinlich zeitlich variablere Gruppe der Beschäftigten in Teilzeit und Auszubildenden zeigt hingegen eine positive Affinität zum Konzept der Hauptverkehrszeit. Allerdings ist die Zustimmung nicht signifikant. Sie wurde bei den vorherigen Modellen für die weiblichen und männlichen Probanden durch den größeren Anteil an Berufstätigen in Vollzeit überdeckt.

Ein vergleichbarer Sachverhalt liegt für das Konzept des Guthabens vor. Hier ist es die Gruppe der Berufstätigen in Vollzeit, die dem Konzept zusprechen, während es in der Gruppe der Berufstätigen in Teilzeit und der Auszubildenden abgelehnt wird. Die Gründe für diesen signifikanten Unterschied können vielfältig sein. So könnte aufgrund des durchschnittlich höheren Einkommens der Beschäftigten in Vollzeit es eher zu einer Akzeptanz kommen, dass beim Konzept Guthaben eine Vorauszahlung zu leisten ist, ehe die Transportdienstleitung in Anspruch genommen werden kann.

4.3.3.2. Probanden mit Zeitkarte

Analog zu den Probanden ohne Zeitkarte werden die Einflüsse der Tarifmerkmale auf das Entscheidungsverhalten bei Probanden mit Zeitkarte anhand des folgenden Modells geschätzt:

$$logit\, P(TW) = \beta_0 + \beta_1 \cdot LL + \beta_2 \cdot HVZ + \beta_3 \cdot NA + \beta_4 \cdot NAA \qquad (4.5)$$

wobei als unabhängige Variablen die Tarifmerkmale Luftlinienentfernung (LL), Hauptverkehrszeit (HVZ), Nutzungsabhängigkeit (NA) und die Nutzungsabhängigkeit mit Airbag-Funktionalität (NAA) eingehen. Die binäre abhängige Variable stellt die Wahl des Tarifes (TW) dar. Die Ergebnisse der Modellschätzung für die gesamte Stichprobe sind in Tabelle 4.16 dargestellt.

Da sich auch für Probanden mit Zeitkarte deutliche Unterschiede zwischen Frauen und Männern zeigen, sind die Ergebnisse getrennt dargestellt. Zusätzlich wurde bei den Frauen noch die binäre erklärende Variable Versicherungseffekt eingeschlossen, die den Wert 1 annimmt, wenn diese Person bei der Erfassung des Flatrate-Bias die Einstellungsfrage zum Versicherungseffekt positiv beantwortet hatte.

Von Frauen deutlich abgelehnt wird die unterschiedliche Bepreisung des Fahrtzeitpunktes nach Haupt- und Nebenverkehrszeit. Obwohl sich die unterschiedliche Bepreisung für die angegebene Nutzungscharakteristik nicht monetär auswirkt, stößt das Konzept auf Ablehnung. Dies trifft auch für

Tab. 4.16.: Tarifmerkmalpräferenzen bei Probanden mit Zeitkartenbesitz bei Frauen (a) und Männern (b)

	Koeffizient	Std.-fehler	z-Wert	Odds Ratio
(Intercept)	0,344	0,499	0,689	1,410
Luftlinienentfernung	-0,578*	0,249	-2,320	0,561
Hauptverkehrszeit	-0,966***	0,250	-3,872	0,381
Nutzungsabhängig	2,050*	0,906	2,264	7,769
Nutzungsabhängig mit Airbag	-0,699*	0,285	-2,451	0,497
Versicherungseffekt	0,976*	0,474	2,061	2,655
Nutzungsabhängig*Versicherungseffekt	-3,008**	0,933	-3,224	0,049

McFadden Pseudo-R^2 = 0,16 | *** Signifikant auf 99,9 % Niveau

** Signifikant auf 99 % Niveau | * Signifikant auf 95 % Niveau

(a) Frauen (N=26)

	Koeffizient	Std.-fehler	z-Wert	Odds Ratio
(Intercept)	-0,151	0,277	-0,544	0,860
Luftlinienentfernung	0,059	0,242	0,242	1,060
Hauptverkehrszeit	0,020	0,242	0,082	1,020
Nutzungsabhängig	0,722**	0,279	2,590	2,059
Nutzungsabhängig mit Airbag	-0,380	0,277	-1,374	0,684

McFadden Pseudo-R^2 = 0,14 | ** Signifikant auf 99 % Niveau

(b) Männer (N=30)

die Probanden zu, die maximal nur 20 % ihrer Fahrten während der Hauptverkehrszeit durchführen. Also auch in dem Fall, in dem die Probandinnen angaben, selber nur selten während der Hauptverkehrszeiten Leistung in Anspruch zu nehmen.

Das Konzept der exakten Entfernungsmessung anhand der Luftlinie wird von Frauen abgelehnt. Ebenso erhalten beide Konzepte der nutzungsabhängigen Bepreisung eine Ablehnung zugunsten eines Tarifes mit Festpreis. Selbst eine Deckelung der Nutzungsabhängigkeit mit Hilfe des Konzeptes "Airbag" ändert hieran nichts. Unterscheidet man die Probanden anhand der Einstellungsfrage zum Versicherungseffekt, zeigen sich konträre Präferenzen. Wird in der Einstellungsfrage eine positive Affinität zum Versicherungseffekt gemessen, so wird das Konzept der Nutzungsabhängigkeit abgelehnt. Wird in der Einstellungsfrage zum Versicherungseffekt allerdings keine Zustimmung gemessen, zeigt sich eine Präferenz für eine Nutzungsabhängigkeit. In diesem Fall ergibt sich logischerweise dann keine Präferenz für das Konzept "Airbag".

Aufgrund des hohen Anteils an Frauen in der Gruppe der Teilzeitbeschäftigten können die Effekte der beiden Gruppen der weiblichen Probanden und der Teilzeitbeschäftigten nicht zweifelsfrei von einander getrennt werden. Demnach könnten die vorgenannten Tarifpräferenzen der weiblichen Probanden auch durch die Zugehörigkeit zur Gruppe der Teilzeitbeschäftigten hervorgerufen worden sein.

Bei Männern kann generell eine Präferenz für nutzungsabhängige Tarife, wenn sie das Konzept "Airbag" nicht verfolgen, gezeigt werden. Diese zeigt sich auch unabhängig davon, wie die Einstellungsfrage zum Versicherungseffekt bewertet wurde. Die Präferenzen hinsichtlich der Entfernungsmessung nach Luftlinie oder der unterschiedlichen Bepreisung des Fahrtzeitpunktes sind indifferent und nicht signifikant.

4.4. Veränderung der Verkehrsmittelwahl

Die Bestimmung von Tarifpräferenzen ermöglicht, flexible Tarife dahingehend zu entwickeln, dass sie für einen möglichst großen Teil der potentiellen Kunden als attraktiv angesehen werden. Inwieweit diese Attraktivität sich in einer gesteigerten Nutzung von öffentlichen Verkehrsmitteln widerspiegelt, stellt eine andere Frage dar. Wie in Kapitel 3 ausgeführt, stellt der Erwerb einer Fahrtberechtigung für Kunden ohne Zeitkarte eine bekannte Hürde bei der Nutzung von öffentlichen Verkehrsmitteln dar. Inwieweit sich die Reduzierung dieser Hürde durch flexible Tarife in EFM-Systeme auf eine Veränderung der Verkehrsmittelwahl auswirkt, wird mit Hilfe eines SP-Experiments analysiert.

Wie in Kapitel 4.3.2.2 erläutert, spielt sich die Entscheidung für oder gegen eine Zeitkarte nicht auf der Ebene einer einzelnen Fahrt ab, sondern erfolgt auf der Ebene der Mobilität eines größeren zeitlichen Rahmens wie z. B. einer Woche, eines Monats oder eines Jahres. Analysen eines veränderten Verkehrsmittelwahlverhaltens sollte demnach auch die Mobilität dieses zeitlichen Rahmens mit einschließen und wäre dementsprechend zeitaufwändig. Des Weiteren ist die Hürde für die Nutzung des ÖPVs für Kunden mit Zeitkarte heute schon wesentlich geringer, da der Erwerb einer Fahrtberechtigung nur einmalig anfällt. Der Zusatznutzen durch das hier vorgestellte EFM-System ist deutlich geringer. Zusätzlich nutzen Zeitkartenkunden den ÖPV schon für einen erheblichen Teil ihrer Mobilität wie Chlond u. Wirtz (2012) ausführen – eine positive Veränderung dieses Anteils erscheint daher unwahrscheinlich.

Daher liegt der Fokus der Untersuchung einer veränderten Verkehrsmittelwahl auf Kunden ohne Zeitkarte, den Selten- und Nicht-Nutzern. Für diese Gruppe der Probanden erfolgte eine wegebasierte Erfassung der Mobilität. Darauf aufbauend wird anschließend ein SP-Experiment durchgeführt, in dem die zuvor erfassten Wegen möglichen Wegen unter der Nutzung von öffentlichen Verkehrsmitteln gegenübergestellt werden.

4.4.1. Empirische Untersuchung

Erhebungen in Bezug auf neue technische Systeme bergen das Risiko, dass Probanden ihre zukünftige Nutzungsintensität überschätzen und bei ihrer Bewertung zu optimistisch sind. Durch den Bezug auf die von den Probanden selbst durchgeführten Fahrten und die übersichtliche Darstellung der gesamten Mobilität kann das SP-Experiment sehr gut im Kontext des Alltages des Probanden verankert werden (Sammer, 2003). Eine

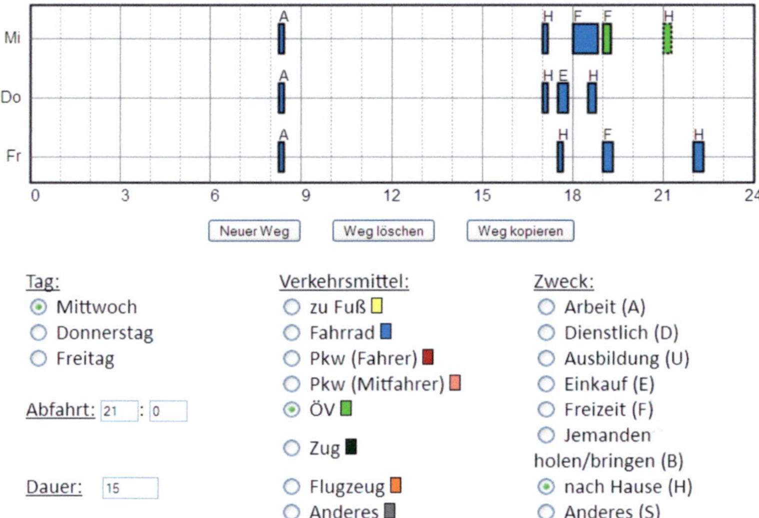

Abb. 4.6.: Interaktives Wegetagebuch

Überschätzung der Nutzungsintensität in Bezug zu einem erhöhten Verkehrsaufkommen kann somit vermieden werden. Eine Überschätzung der Verkehrsmittelwechselwahrscheinlichkeit bleibt weiterhin möglich.

Die Erfassung der Mobilität der letzten drei Tage erfolgt mit einem interaktiven Wegetagebuch wie es in Abbildung 4.6 dargestellt ist. Die Attribute Datum, Uhrzeit, Reisezeit, Verkehrsmittel und Wegezweck werden erfasst und in einer dynamischen Grafik dem Probanden dargestellt.

Für eine zufällige Auswahl von maximal drei der so erhobenen Wegen, sofern sie nicht schon mit dem ÖPV durchgeführt wurden, wird ein SP-Experiment durchgeführt. Aufbauend auf den zurückgelegten Wegen werden mögliche Fahrtalternativen unter Nutzung von öffentlichen Verkehrsmitteln und mit dem präferierten flexiblen Tarif erzeugt und vom Probanden zur Bewertung vorgelegt.

Für die Auswahl dieser Wege werden diese zunächst bewertet:

- Wege zu Fuß werden ausgeschlossen, wenn sie eine Dauer von fünf Minuten nicht überschreiten.

Innerhalb von fünf Minuten werden in der Stadt 300–400 m Wegstrecke zu Fuß zurückgelegt (Knoflacher, 1995). Für diese kurzen Distanzen existiert nur in besonderen Ausnahmefällen ein sinnvolles Angebot im öffentlichen Verkehrssystem.

- Wege mit dem Pkw werden ausgeschlossen, wenn sie eine Dauer von 60 Minuten überschreiten.
  Eine Pkw-Fahrzeit von über 60 Minuten wird als Indikator für einen Weg im Fernverkehr angenommen, der über die Distanz von 50 km hinausgeht.

- Wege, die nicht von zu Hause starten, werden vermieden.
  Beginnt ein Weg von der Wohnung des Probanden, so kann er in der Regel zwischen allen ihm zur Verfügung stehenden Verkehrsmitteln wählen. Andernfalls ergeben sich möglicherweise Restriktionen durch das auf den vorherigen Wegen benutzte Verkehrsmittel.

- Die mehrfache Wahl von Wegen mit den Zwecken Arbeit, Ausbildung und Jemanden holen/bringen wird vermieden.
  Die Ziele der Wege zum Zweck Arbeit und Ausbildung sind in der Regel räumlich invariant. Zu erwarten ist eine ähnliche Bewertung dieser Wege unabhängig vom Wochentag. Vergleichbares gilt auch für Wege mit dem Zweck Jemanden holen/bringen. Hierbei sind nicht die Ziele invariant sondern die Entscheidung, ob dieser Wegezweck mit dem öffentlichen Verkehrssystem möglich ist.

Die ausgewählten Wege werden einem hypothetischen Weg mit Nutzung des ÖPVs gegenübergestellt. Der hierfür genutzte Dialog ist in Abbildung 4.7 dargestellt. Der Proband gibt hier zusätzlich die Informationen über Start und Ziel seines Wegs an, mit deren Hilfe passende Haltestellen im öffentlichen Verkehrssystem ausgewählt werden. Die Angaben zur Fahrzeit, zum Preis und der Entfernung werden daraufhin zur besseren Vergleichbarkeit mit dem durchgeführten Weg angegeben.

Stellt sich während der genaueren Beschreibung heraus, dass der ausgewählte Weg nicht in der Region Karlsruhe durchgeführt wurde, so wird

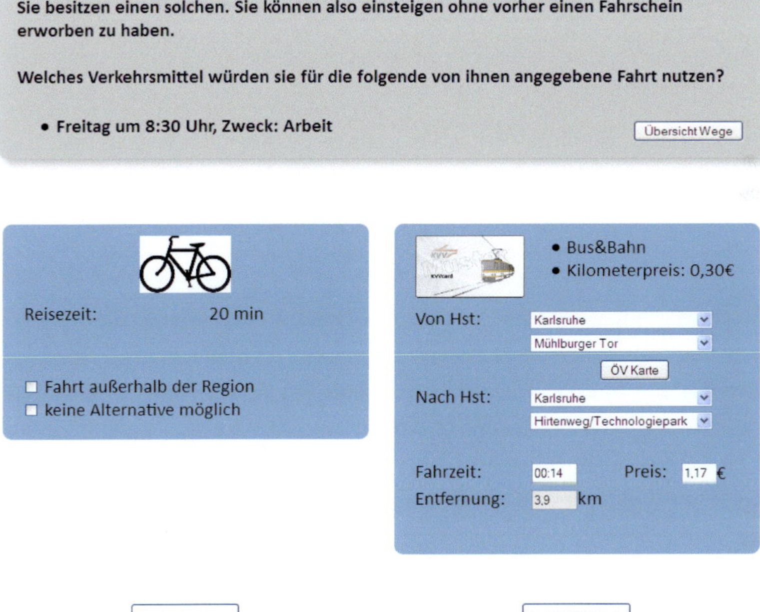

Abb. 4.7.: Dialog zur Verkehrsmittelwahl

dies mit der Option "Fahrt außerhalb der Region" vermerkt und es wird kein alternativer Weg mit dem ÖPV erstellt.

Bei Wegen, für die es nach Ansicht des Probanden keine Alternativen zum genutzten Verkehrsmittel gab, wird dies mit der Option "keine Alternative möglich" vermerkt. Vor allem Wege zum Zwecke der Erholung, wie Spaziergänge, fallen hierunter. Eine alternative Fahrt mit dem ÖPV wird in diesen Fällen dennoch erstellt, um diese Fahrten auch für eine Modellbildung nutzen zu können.

4.4.2. Ergebnisse

Die erhobenen Mobilitätsdaten beinhalten die Wege der letzten drei Tage. Diese verteilen sich sehr unterschiedlich auf die verschiedenen Wochentage. Um eine Vergleichbarkeit der Ergebnisse mit anderen Studien herzustellen, werden die Mobilitätsdaten anhand eines Hochrechnungsverfahrens auf Jahresdurchschnittswerte überführt. Das hier angewandte Hochrechnungsverfahren wurde im Auftrag des Bundesministeriums für Verkehr-, Bau- und Wohnungswesen erstellt (Gertz Gutsche Rümenapp - Stadtentwicklung und Mobilität, 2005) und basiert auf Analysen der ganzjährigen Stichtagserhebung MiD 2002 (Follmer u. a., 2004) und der Einwochenerhebung MOP (Zumkeller u. a., 2010). Das Verfahren wurde auf Basis von Erhebungen in Gesamtdeutschland erarbeitet. Es deckt daher keine regionalen Besonderheiten ab, die sich weit vom Mittelwert weg bewegen. Das Untersuchungsgebiet der Stadt Karlsruhe sollte keine solcher regionalen Besonderheiten beinhalten.

In Tabelle 4.17 sind die gewichteten Mobilitätskennziffern Anzahl Wege und Anzahl Wege pro Person und Tag der Probanden nach Verkehrsmittel aufgeführt. Enthalten sind nur diejenigen Probanden, die zu ihrer Mobilität der letzten drei Tage befragt wurden. Als Referenz sind die Verkehrsmittelanteile einer Stichtagsbefragung in Karlsruhe aus dem Frühjahr 2012 angegeben. Bei den Verkehrsmitteln Fahrrad und Pkw zeigen sich deutliche Unterschiede. Dies ist insbesondere in Bezug zur Frage der zum ÖPV hin verlagerbaren Fahrten von Bedeutung. Bei den übrigen Verkehrsmitteln werden sehr ähnliche Ergebnisse erreicht.

Tab. 4.17.: Anzahl Wege der Probanden nach Verkehrsmittel

	Wege gewichtet			KA-Referenz
	Anzahl	pro Person	Anteil	Anteil
Verkehrsmittel		und Tag		
zu Fuß	210	0,66	19,2 %	17,6 %
Fahrrad	358	1,13	32,7 %	25,8 %
MIV (Fahrer & Mitfahrer)	452	1,42	41,3 %	51,0 %
ÖPV (Bus, Bahn & Zug	69	0,22	6,3 %	5,3 %
Flugzeug, sonstige	6	0,02	0,5 %	0,3 %
Gesamt	1095	3,44	100,0 %	100,0 %

In Tabelle 4.18 ist die deskriptive Analyse des SP-Experiments dargestellt. Gaben die Probanden an, dass es für den ausgewählten Weg keine alternativen Verkehrsmittel gab, so werden diese Wege in der Spalte
"keine Alternative" aufgeführt. Alle Wege, bei denen sich die Probanden
dafür entschieden, das ursprünglich benutzte Verkehrsmittel beizubehal-
ten, sind in der Spalte "gleiches VM" aufgeführt. Wege, bei denen sich der
Proband für die Nutzung des ÖPVs aussprach, sind in der Spalte "ÖPV"
enthalten. Der Anteil des ÖPVs bezieht sich auf die Fahrten, bei denen
keine eingeschränkte Verkehrsmittelwahl durch den Probanden angezeigt
wurde. Für die Untersuchung der Veränderten Verkehrsmittelwahl standen
die 118 Probanden zur Verfügung, die angegeben hatten, keine Zeitkarte
für Bus&Bahn zu besitzen. Das SP-Experiment wurde insgesamt 290 Mal
durchgeführt.

Insgesamt wechselten in 15 % der Experimente, in denen eine Wahlmög-
lichkeit des Verkehrsmittels bestand, die Probanden auf den ÖPV. Ein
Unterschied in der Quote ist sowohl aufgrund des Geschlechts, des Alters
und der Nutzungsintensität des ÖPVs zu beobachten. Weibliche Probanden
und Probanden im Alter von 18–35 sind eher geneigt, das Verkehrsmittel
zu wechseln und den ÖPV zu nutzen. Ebenfalls ist die Wahrscheinlichkeit
höher, das Verkehrsmittel zugunsten des ÖPVs zu wechseln, wenn die Teilnehmer den ÖPV auch schon bisher hin und wieder genutzt haben. Die
unterschiedlichen Anteile stellen sich auch leicht signifikant dar.

Tab. 4.18.: Veränderung in der Verkehrsmittelwahl

Attribut	Ausprägung	Experi-mente	keine Alternative	gleiches VM	ÖPV	Anteil ÖPV	χ^2 p-Wert
Geschlecht	Mann	143	30	99	14	12 %	0,184
	Frau	147	31	95	21	18 %	
Alter	18–35	76	14	50	12	19 %	0,317
	36–60	138	31	90	17	16 %	
	über 60	76	16	54	6	10 %	
Verkehrsmittel	zu Fuß	41	17	19	5	21 %	0,664
	Fahrrad	133	17	100	16	14 %	
	Auto	116	27	75	14	16 %	
Wegezweck	Arbeit/Ausbildung	77	7	57	13	19 %	0,697
	Freizeit	108	25	72	11	13 %	
	Einkauf	67	20	41	6	13 %	
	Andere	38	9	24	5	17 %	
ÖPV Nutzung Fahrten je Monat	weniger als 1	126	27	88	11	11 %	0,087
	mehr als 1	164	34	106	24	18 %	
Verkehrsaufkommen Wege pro Tag	weniger als 3,3	98	15	69	14	17 %	0,701
	3,3 oder mehr	192	46	125	21	14%	
Gesamt		290	61	194	35	15 %	

Besonders Fußwege, die in der Regel kleinräumig sind, können aufgrund der kilometerabhängigen Bepreisung im ÖPV an Attraktivität gewinnen. Überraschenderweise zeigt der Wegezweck keinen deutlichen Einfluss auf die Wahrscheinlichkeit, sich für den ÖPV zu entscheiden. Auch auf beruflichen Wegen und Wegen zum Ausbildungsplatz wird das Verkehrsmittel zu Gunsten des ÖPVs gewechselt. Die Vermutung, dass besonders Wege mit dem Zweck Freizeit und Einkauf in ihrer Durchführung flexibel sind und hier eine höhere Wahrscheinlichkeit für einen Wechsel des Verkehrsmittels zu beobachten ist, wird nicht bestätigt. In dieser Flexibilität hinsichtlich des Verkehrsmittels spiegelt sich die gestiegene Multimodalität in der Bevölkerung wider (Kuhnimhof u. a., 2012). Es wird je nach situativem Kontext das passende Verkehrsmittel gewählt, dabei sind berufsbedingte oder ausbildungsbezogene Wege nicht ausgenommen.

Keinen Einfluss zeigt das durchschnittliche Verkehrsaufkommen der Probanden auf die Wahrscheinlichkeit, sich für den ÖPV zu entscheiden.

4.5. Zusammenfassung der Ergebnisse

Die Ergebnisse der empirischen Untersuchung lassen einige Schlussfolgerungen zu. Allerdings sind sie immer vor dem Hintergrund der angewandten Methodik und der Stichprobe zu beurteilen. Die hier genutzten SP-Experimente können die Realität nicht vollständig abbilden, sie sind immer mit Unschärfen behaftet. Somit sind auch die hieraus abgeleiteten Erkenntnisse, obwohl statistisch signifikant, mit diesen Unschärfen behaftet.

Der Flatrate-Bias im ÖPV kann hauptsächlich einem Wunsch nach einer Versicherung gegen unbekannte Kosten zugeschrieben werden. Daneben stellt sich auch eine Neigung zur Bequemlichkeit als signifikant dar, die die Probanden bei der Tarifwahl eher bei ihren vertrauten Entscheidungen belassen lässt.

Die Bevorzugung der Luftlinienentfernung als räumliche Bemessungsgrundlage manifestiert sich für Gelegenheitskunden merklich. Für sie wird die Option der Nutzung des ÖPVs besonders bei direkten, innerstädtischen Wegen mit häufig kurzen und mittleren Wegentfernungen deutlich. Bei diesen Wegen sind die Verwerfungen im Preisgefüge bei einer Bemessung nach Flächenzonen besonders eklatant und dementsprechend wird eine Bemessung nach Luftlinie durch die Probanden als attraktiver bewertet. Zeitkartenkunden werden hingegen eher die positiven Aspekte dieser Preisverwerfungen zu schätzen wissen und zeigen sich indifferent. So weisen weibliche Probanden, die im Besitz einer Zeitkarte sind, Affinitäten zur räumlichen Bemessung anhand von Flächenzonen auf.

Mengenbezogene Tarifmerkmale sind sowohl bei Probanden mit als auch bei Probanden ohne Zeitkarte bevorzugt. Dabei liegt der Fokus bei einfachen Implementierungen. Selbst bei Probanden mit Zeitkarte wird ein einfacher zweiteiliger Tarif befürwortet. Dem steht ein ausgeprägter Versicherungseffekt allerdings entgegen, insbesondere bei Frauen. Ein angestoßener Mengenrabatt in der hier implementierten Form eines Kosten-Airbags kann keine Alternative zur harten Deckelung eines Festpreises bieten. Er kann auch dem Wunsch einer Versicherung gegen hohe Mobilitätskosten nicht nachkommen. Inwieweit die Gründe hierfür in der etwas höheren Komplexität des Tarifs durch die Airbag-Funktionalität oder in der gewählten Höhe des Preises für diese Funktionalität zu sehen ist, kann aus den Ergebnissen nicht abgeleitet werden.

Bei Probanden ohne Zeitkarte wird das als Mindestumsatz implementierte mengenbezogene Tarifmerkmal in Form des Konzepts "Guthaben" sehr unterschiedlich bewertet. Weibliche Probanden bevorzugen es gegenüber den anderen mengenbezogenen Merkmalen, männliche Probanden zeigen sich indifferent. Für Berufstätige in Vollzeit kann ebenfalls eine Affinität zu diesem Konzept gezeigt werden, wobei Berufstätige in Teilzeit und Auszubildende dieses eher ablehnen.

Angestoßene Mengenrabatte in Form des Konzepts "Airbag" finden generell Ablehnung, wobei die hier implementierte Form als zweiteiliger Tarif mit ursächlich gewesen sein kann.

Zeitliche Tarifmerkmale, wie die hier genutzten Haupt- und Nebenverkehrszeiten, werden zum Teil deutlich gemieden. Vorteile der Auslastungssteuerung werden bei weitem geringer bewertet als die Nachteile der Preisdifferenz. Dies gilt auch für Probanden ohne Zeitkarte, die selten zur Hauptverkehrszeit den ÖPV nutzen. Lediglich zeitlich eher flexible Gruppen wie die der Teilzeitberufstätige stehen diesen Konzepten positiv gegenüber. Bei der Einführung zeitlicher Preisdifferenzierungen ist also besonderes Augenmerk auf eine akzeptierte Implementierungsform zu legen.

Insgesamt stellen sich deutliche geschlechtsspezifische Verhaltensweisen in Zusammenhang mit Tarifen im ÖPV dar. Der Einfluss auf die Verkehrsmittelwahl bei Gelegenheits- und Seltennutzern ist allerdings sehr viel stärker von der aktuellen Nutzungshäufigkeit abhängig. Der Wegezweck und das bisher genutzte Verkehrsmittel sind weit weniger relevant.

5. Modellierung der Wirkungen flexibler Tarife auf das Mobilitätsverhalten

Flexible Tarife in EFM-Systemen sind sehr flexibel und bieten in der Preisdifferenzierung neue Möglichkeiten. Wie in Kapitel 3.5 dargelegt, wirken flexible Tarife in verschiedenen Ebenen auf den Kunden. Um diese Auswirkungen zu quantifizieren, sind flexible Tarife in Verkehrsnachfragemodelle zu integrieren.

Im Folgenden wird daher zunächst beispielhaft dargestellt, wie die Wirkung flexibler Tarifsysteme im ÖPV auf das Kundenverhalten in ein Verkehrsnachfragemodell integriert werden können. Anhand des 4-stufen Verkehrsnachfragemodells wird für jedes Teilmodell die Auswirkung auf das Mobilitätsverhalten aufgrund flexibler Tarife dargestellt.

Anschließend werden die Ergebnisse aus der empirischen Untersuchung zur Verkehrsmittelwahl der Probanden ohne Zeitkarte auf ein Modellgebiet übertragen. Um dabei die Wirkung von flexiblen Tarifen losgelöst von preislichen Effekten betrachten zu können, werden die Ergebnisse des untersuchten Wahlverhaltens direkt übertragen.

5.1. 4-Stufen Verkehrsnachfragemodell

Das 4-Stufen Modell ist ein etabliertes Verkehrsnachfragemodell, das die wesentlichen Entscheidungsprozesse der Verkehrsteilnehmer in den vier Stufen Verkehrsentstehung, Zielwahl, Verkehrsmittelwahl und Verkehrsroutenewahl abbildet (Dios Ortúzar u. Willumsen, 1994; Kutter, 2003). Auf Grund seiner klaren, hierarchischen Gliederung eignet es sich gut, um die Wirkungsstellen flexibler Tarife auf die Verkehrsnachfragemodellierung aufzuzeigen.

5.1.1. Teilmodell Verkehrsentstehung

Die grundlegenden Beweggründe eines jeden Menschen zur außerhäuslichen Aktivität, die im Ergebnis Verkehrsmobilität erzeugen, werden sich durch flexible Tarife im ÖPV nicht verändern. Sowohl eine induzierende als auch eine reduzierende Wirkung der Verkehrsnachfrage, bei der alleinig das Vorhandensein eines EFM-Systems mit flexiblem Tarif ursächlich ist, ist nicht zu erwarten. Daher kann angenommen werden, dass die Gesamtverkehrsnachfrage aufgrund flexibler Tarife im wesentlichen stabil bleibt und sich keine Veränderungen im Teilmodell der Verkehrsentstehung ergeben.

Werden im flexiblen Tarif allerdings Elemente einer auslastungsabhängigen Bepreisung genutzt und damit Änderungen der Nutzungszeitpunkte erwirkt, so sollten diese Veränderungen auf der Stufe der Verkehrserzeugung modelliert werden. Dies kann in Modellen, die auf Aktivitätenprogrammen aus Erhebungen basieren, nicht geeignet abgebildet werden, da die Aktivitätenprogramme üblicherweise auch die Zeitpunkte der einzelnen Fahrten umfassen.

Um eine Flexibilisierung zu erreichen sind die Aktivitäten synthetisch zu erzeugen. Dies kann durch Scheduling-Verfahren erzielt werden, die unter Nebenbedingungen Aktivitätenprogramme zusammenstellen (Arentze u. Timmerman, 2000; Kitamura, 1996). In Anlehnung an die Produktionsplanung werden verschiedene Verfahren von Gringmuth (2007) getestet, die unter Berücksichtigung von Zeit- und Kostenbudget Aktivitätenprogramme für einen Zeitraum von Tagen oder Wochen erzeugen. Diese Verfahren sind in der Lage, Aktivitäten auf der Zeitachse zu bewegen und somit Ausweichreaktionen durch eine auslastungsabhängige Bepreisung zu berücksichtigen.

5.1.2. Teilmodell Zielwahl

Für das Teilmodell der Zielwahl werden häufig Gelegenheitsmodelle genutzt, die an das Newtonsche Gravitationsmodell angelehnt sind. Eine häufig genutzte Form nennen Dios Ortúzar u. Willumsen (1994):

$$T_{ij} = \alpha O_i D_j f(w_{if}) \tag{5.1}$$

118

mit der Anzahl der Fahrten T_{ij} von Zelle i nach j, dem Quellverkehr O_i der Zelle i, dem Zielverkehr D_j der Zelle j und einer Widerstandsfunktion $f(w_{ij})$ für eine Fahrt von i nach j. In der Widerstandsfunktion haben auch die Kosten einen Einfuß auf wie Wahl der Ziele.

Ändern flexible Tarife in EFM-Systeme die Entgelte, so ergeben sich auch Veränderungen in der Zielwahl. Der Übergang von einem Flächenzonentarif auf einen entfernungsabhängigen Tarif nach Kilometern z. B. kann nahe Ziele nun attraktiver erscheinen lassen als weiter entfernte Ziele, die vormals noch in der selben Flächenzone lagen. Diese Veränderungen sind anhand der veränderten Kosten in die Widerstandsfunktion zu integrieren.

5.1.3. Teilmodell Verkehrsmittelwahl

Die Beeinflussung der Verkehrsmittelwahl durch flexible Tarife dürfte neben der Zielwahl die am stärksten ausgeprägteste Wirkung haben. Die Verkehrsmittelwahl wird in der Regel durch diskrete Wahlmodelle abgebildet. Ein wichtiger Vertreter ist das Logit-Modell, wie es auch schon zur Analyse der Tarifmerkmalspräferenzen in Kapitel 4 angewandt wurde. Die Wahrscheinlichkeit P_{M1}, Verkehrsmittel M1 und nicht M2 zu wählen berechnet sich wie folgt:

$$P_{M1} = \frac{e^{U(M1)}}{e^{U(M1)} + e^{U(M2)}} \tag{5.2}$$

mit der Nutzenfunktion U, in welche u. a. die Kosten für das Verkehrsmittel, der erfahrene Komfort und auch die generelle Präferenz des Verkehrsmittels einfließen.

Die Kosten für die Dienstleistung werden durch flexible Tarife direkt beeinflusst. Ebenfalls ergibt sich durch flexible Tarife ein vereinfachter Zugang zu öffentlichen Verkehrsmitteln, der sich in einer generellen Attraktivitätssteigerung ausdrückt. Indirekt können sich flexible Tarife auf den Komfort des Verkehrsmittels auswirken. Wie in Kapitel 3.3.3 dargestellt, kann eine Dämpfung der Nachfragespitzen durch eine auslastungsabhängige Bepreisung zu einer höheren Qualität beitragen. Die Beeinflussung der Verkehrsmittelwahl durch flexible Tarife wird somit weitgehend abgebildet.

5.1.4. Teilmodell Verkehrsroutenwahl

Eine Verkehrsroutenwahl erfolgt i. A. für jedes Verkehrssystem getrennt, intermodale Wege werden dem Verkehrssystem mit dem höchsten Anteil an der Verkehrsleistung zugeschlagen. Grundgedanke der Verkehrsroutenwahl ist, dass für den Verkehrsteilnehmer verschiedene Routen mit ähnlichen Eigenschaften existieren. Auf diese Menge an Routen verteilt sich die Verkehrsnachfrage in der Art, dass die Eigenschaften der Routen z. B. hinsichtlich der Fahrzeit vergleichbar bleiben.

Die Annahme der ähnlichen Eigenschaften von alternativen Routen wird bei herkömmlichen Tarifen auch für öffentliche Verkehre aufrecht erhalten. Die Routenwahl erfolgt häufig ebenfalls durch ein Logit-Modell wie in Formel 5.2 gegeben, es wird allerdings auf die Auswahl mehrerer Alternativen erweitert. Wesentliche Einflussgrößen für die Nutzenfunktion sind:

- die Fahrtzeit,

- die Umsteigezeit,

- die Anzahl der Umsteigevorgänge und

- die Eigenständigkeit der Alternativen.

Zu diesem Set können durch flexible Tarife auch die Kosten hinzukommen. Wird im flexiblen Tarif als Bemessungsgrundlage der in Anspruch genommenen Leistung die Wegstrecke genutzt, so variiert der Preis auf alternativen Routen zwischen gleichen Ein- und Ausstiegshaltestellen. In herkömmlichen Tarifen mit Flächenzonen hingegen sind Umwegfahrten in gewissen Grenzen ohne zusätzliche Kosten möglich, solange man sich auf sein Ziel zubewegt.

Sind die Variationen in den Kosten gering, so kann die Annahme ähnlicher Eigenschaften der alternativen Routen aufrechterhalten werden und das Set um die Kosten erweitert werden. Sind diese Ähnlichkeiten der Eigenschaften nicht mehr gegeben, sind die gegenseitigen Beeinflussungen der

Verkehrsmittel- und Routenwahl zu berücksichtigen um die unterschiedlichen Eigenschaften der Routen eines Verkehrsmittels auch in der Wahl des Verkehrsmittels zu berücksichtigen.

5.2. Anwendungsfall

Die Ergebnisse aus der empirischen Untersuchung zur Verkehrsmittelwahl bei Nutzung flexibler Tarife sollen hier beispielhaft auf ein Modellgebiet angewandt werden. Dabei liegt der Fokus auf den Wirkungen eines flexiblen Tarifs an sich und diese sollten möglichst getrennt von preislichen Wirkungen betrachtet werden.

In der empirischen Untersuchung zur Verkehrsmittelwahl mussten allerdings preisliche Unterschiede zwischen heutigem und flexiblem Tarif in die Erhebung aufgenommen werden. Ein Angleichen der Preise zwischen herkömmlichem und flexiblem Tarif wäre nur unter zwei Umständen möglich gewesen:

- Beibehaltung des herkömmlichen Tarifs

- Anwendung eines inkonsistenten flexiblen Tarifs

Eine Beibehaltung des herkömmlichen Tarifs hätte viele Vorteile flexibler Tarife ausgeblendet und wäre ihrem Potential nicht gerecht geworden. Allen voran seien hier die Tarifverwerfungen bei Flächenzonentarifen genannt, die entlang der Zonengrenzen zu Preissprüngen führen.

Will man jedoch die gesamten Vorteile flexibler Tarife zur Anwendung bringen und dennoch keine Preisunterschiede zum heutigen Tarif zulassen, so entstünden Inkonsistenzen im flexiblen Tarif. Wird als Bemessungsgrundlage für mengenbezogene Preise z. B. die räumliche Entfernung herangezogen und an Hand eines Kilometerpreises verrechnet, so müsste dieser für jede Fahrt angepasst werden: für eine Fahrt von 1 km Länge hätte man um repräsentativ für den Karlsruher Raum zu sein, einen Preis von 2,20 €/km oder 3,00 €/km ansetzen müssen, je nach dem ob die Fahrt eine Flächenzonengrenze überschritten hätte oder nicht. Auf der anderen Seite hätte man für eine andere Fahrt den Probanden einen Kilometerpreis von 0,20 €/km zur Auswahl stellen müssen. Eine solche Variationsbreite im Kilometerpreis hätte das Konzept der mengenbezogenen Bepreisung ad absurdum geführt. Aus dieser Diskussion wird deutlich, dass preisliche Unterschiede zwischen heutigem und flexiblem Tarif in der empirischen Untersuchung zur Verkehrsmittelwahl unumgänglich erscheinen.

Somit wäre der Ansatz, die Verkehrsmittelwahl im Anwendungsfall basierend auf den Daten der empirischen Untersuchung neu durchzuführen, nicht zielführend. Zwar ließe sich die Verkehrsmittelwahl der empirischen Untersuchung zunächst anhand der berichteten Mobilität und dann anhand der durch die SP-Befragung veränderten Mobilität mit Hilfe z. B. eines multinomialen Logit-Modells abbilden. Dieses Modell würde aber auch alle preislichen Effekte mit einschließen, von denen sich bei der Anwendung auf das Modellgebiet die alleinig durch den flexiblen Tarif hervorgerufenen Effekte nicht mehr trennen lassen.

5.2.1. Methode

Das Wahlverhalten der Probanden im SP-Experiment der empirischen Untersuchung wird mit Hilfe eines Logit-Modells abgebildet. Dabei werden die preislichen Effekte, die durch den flexiblen Tarif hervorgerufen werden, im Logit-Modell kontrolliert, indem eine unabhängige Variable eingeführt wird. Diese erklärt die Wirkung der Preisdifferenz zwischen flexiblem und heutigem Tarif. Bei der Anwendung des Modells allerdings wird diese Preisdifferenz mit Null angenommen. Hierdurch können preisliche Wirkungen getrennt werden von den Effekten eines flexiblen Tarifs.

Aus dieser Vorgehensweise resultieren folgende Annahmen und Einschränkungen:

- In beiden Räumen liegt ein vergleichbares Verkehrsangebot vor.
  Ein variierendes Verkehrsangebot wird bei einer vollständigen Modellierung der Verkehrsmittelwahl berücksichtigt. Im Gegensatz dazu wird bei dem hier aufgezeigten Vorgehen die Verkehrsnachfrage unverändert übernommen und darauf aufbauend das Wahlverhalten in Bezug zu einem flexiblen Tarif übertragen.

- Des Weiteren wird ein vergleichbares Verhalten der Personen bei einer vergleichbaren Bevölkerungsstruktur vorausgesetzt.

- Wie im Folgenden dargelegt wird, stammen die verwendeten Datengrundlagen aus unterschiedlichen Jahren. Während die hier durchgeführte empirische Untersuchung aus dem Jahre 2012 stammt, wurden für den Modellraum Mobilitätsdaten aus den Jahren 2002–2008 verwendet. Diese zeitlichen Unterschiede werden nicht berücksichtigt.

- In der empirischen Untersuchung zum Verkehrsmittelwahlverhalten wurden nur Wege zur Auswahl gestellt, die bestimmte Voraussetzungen erfüllten. Hierdurch ergeben sich möglicherweise Verzerrungen der Modellschätzung:

  - Es wurden nur Wege zur Auswahl gestellt, die nicht schon mit dem ÖPV durchgeführt wurden. Dies geschah zum einen aus dem pragmatischen Grund, dass für diese Probanden nicht nur ein möglicher Alternativweg hätte angeboten werden müssen, sondern jeweils einer für die Verkehrsmittel zu Fuß gehen, Fahrrad und Auto. Zum anderen lag diesem Vorgehen die Annahme zugrunde, dass nur ein sehr kleiner Anteil an Probanden sich aufgrund der Einführung eines flexiblen Tarifs gegen die Nutzung des ÖPV entscheiden wird. Durch diese Herangehensweise sind die Ergebnisse der Analyse als oberer Grenzwert anzusehen.

  - Es wurden nur Ausgänge von der Wohnung des Probanden berücksichtigt, damit die Verkehrsmittelwahl nicht durch das benutzte Verkehrsmittel auf einem vorherigen Weg während des Ausgangs beeinflusst wird. Um keine Verzerrung hervorzurufen, hätte der gesamte Ausgang betrachtet werden müssen.

- Es wird ein Strukturbruch im Modell akzeptiert, da keine Preisdifferenz im Anwendungsfall mehr berücksichtigt wird. Da eine Preisdifferenz von Null auch in der SP-Befragung in verschiedenen Experimenten auftrat, erscheint dieser Strukturbruch vertretbar.

- Die im SP-Experiment enthaltenen Unschärfen resultieren in einer fehlerbehafteten Nutzenfunktion, die als Basis für die Modellrechnung dient.
  Wie bei allen SP-Experimenten unvermeidlich sind bei der Schätzung

des Verkehrsmittelwahlverhaltens Fehler enthalten, die verhindern, den wahren Wert der abhängigen Variablen zu messen. Statt dessen wird nur eine fehlerhafte pseudo Nutzenfunktion bestimmt. Das hat für die Schätzung der Einflussfaktoren der unabhängigen Variablen keinen Einfluss, da diese Fehler einfach zu dem schon vorhandenen Fehlerterm der Nutzenfunktion hinzuaddiert werden. Allerdings hat dies einen Einfluss, wenn die Nutzenfunktion als Basis eines Verkehrsmodells dient. Diese Einschränkung ist allerdings allen Verkehrsmodellen immanent, die auf SP-Experimenten basieren.

5.2.2. Datengrundlage

Eine dem Karlsruher Raum sehr ähnliche Struktur ist im Raum Mannheim/Ludwigshafen zu finden, der hier als Modellgebiet benutzt wird. Die Städte Mannheim und Ludwigshafen liegen sich gegenüber auf jeweils einer Seite des Rheins und bilden in der Raumstruktur eine Einheit. Die Stadt Mannheim befindet sich im Bundesland Baden-Württemberg, die Stadt Ludwigshafen in Rheinland-Pfalz.

Der Raum Mannheim/Ludwigshafen liegt in der Metropolregion Rhein-Neckar. Neben Heidelberg sind die Städte Mannheim und Ludwigshafen die bedeutendsten Großstädte der Metropolregion. Im Jahre 2012 lebten ca. 315.000 Menschen in Mannheim und 165.000 Menschen in Ludwigshafen. Vergleichbar zum Raum Karlsruhe besteht das öffentliche Nahverkehrssystem im wesentlichem aus einem Straßenbahnsystem, das durch ein Bussystem vervollständigt wird.

Aufgrund des Projekts "Integrierte Verkehrsnachfrageanalyse und Prognose der Verkehrsentwicklung in der Metropolregion Rhein-Neckar" (Zumkeller u. Kagerbauer, 2009) liegen mikroskopische Verkehrsnachfragedaten für den Raum Mannheim/Ludwigshafen vor. Das aufgestellte Verkehrsmodell ist als Regionalmodell konzipiert worden und umfasste die gesamte Metropolregion Rhein-Neckar.

Das mikroskopische Verkehrsmodell basiert auf einem 4-Stufen Verkehrsnachfragemodell. Allerdings werden in der Stufe der Verkehrsentstehung Nachfragedaten aus einer Mobilitätserhebung genutzt. Hierzu wurde in den Jahren 2007 und 2008 in der Metropolregion eine Mobilitätserhebung durchgeführt. Zusätzlich wurden Daten der Jahre 2002 bis 2007 aus der kontinuierlichen Erhebung des Deutschen Mobilitätspanels (Zumkeller u. a., 2010), die in Räumen ähnlicher Struktur erhoben wurden und Daten des Fernverkehrs aus der Erhebung INVERMO (Zumkeller u. a., 2005) genutzt. Die Aktivitätenpläne aus diesen Erhebungen dienten als Grundlage für die Modellierung der Verkehrsentstehung.

Für die hier durchgeführten Analysen wurde aus dem Regionalmodell der Raum Mannheim/Ludwigshafen herausgenommen. Eine geographische Übersicht des Planungsraumes ist in Abbildung 5.1 dargestellt. Insgesamt umfasst der Planungsraum:

- eine Fläche von $222{,}6\,\mathrm{km}^2$,

- 231.000 Haushalte mit 457.000 Einwohnern und

- 102 Verkehrszellen.

Da das genutzte Verkehrsmodell als regionales Verkehrsmodell angelegt wurde, sind die Zellengrößen entsprechend gewählt worden. Für den hier betrachteten Planungsraum, der sehr viel kleinere Ausdehnungen besitzt als das Regionalmodell, stellen die 102 Verkehrszellen eine großräumige Einteilung dar.

Zusätzlich zur räumlichen Veränderung wurden auch Wege über $50\,\mathrm{km}$ Länge nicht berücksichtigt, die üblicherweise nicht zu Wegen des Nahverkehrs gezählt werden. Ein ähnliches Vorgehen wurde auch in der Erhebung zur veränderten Verkehrsmittelwahl in dieser Arbeit angewandt (Kapitel 4.4.1). Des Weiteren werden nur Personen über 18 Jahren betrachtet analog zur Altersgrenze in der Erhebung.

Die Auswirkungen flexibler Tarife auf die Verkehrsmittelwahl wurden in der Erhebung auf Probanden ohne Zeitkarte limitiert. Diese Beschränkung wird analog auf die Verkehrsnachfrage des Rhein-Neckar-Modells übertragen. Insgesamt umfasst die zur Analyse genutzte Verkehrsnachfrage 265.103 Personen mit durchschnittlich 3,6 Wegen pro Tag.

Abb. 5.1.: Geographische Übersicht des Planungsraums

Tab. 5.1.: Modellergebnisse des Verkehrsmittelwahlexperiments

	Koeffizient	Std.-fehler	z-Wert	Odds Ratio
(intercept)	-1,949$^+$	1,070	-1,821	0,142
Preisdifferenz	-0,626	0,481	1,300	0,535
Reisezeitdifferenz	-0,038$^+$	0,022	-1,764	0,963
Geschlecht: Mann	-0,463	0,451	-1,426	0,630
regelmäßiger ÖPV-Nutzer	0,797$^+$	0,477	1,672	2,219
Alter über 60 Jahre	-0,801	0,568	-1,409	0,449
Pkw-Verfügbarkeit	1,534$^+$	0,732	2,096	4,638

+ Signifikant auf 90 % Niveau

5.2.3. Analyse

Für das in Kapitel 4.4 durchgeführte SP-Experiment zur Verkehrsmittelwahl wird mit Hilfe des folgenden Logit-Modells das Entscheidungsverhalten abgebildet:

$$logit\,P(W) \;=\; \beta_0 + \beta_1 \cdot PD + \beta_2 \cdot RZD + \beta_3 \cdot MA + \beta_4 \cdot N\ddot{O}V$$
$$+\beta_5 \cdot AL + \beta_4 \cdot PKW \tag{5.3}$$

wobei als unabhängige Variablen die Preisdifferenz zwischen flexiblem und herkömmlichem Tarif (PD), die Reisezeitdifferenz zwischen benutztem Verkehrsmittel und ÖPV (RZD), die binären Variablen für das Geschlecht Mann (MA), für die Nutzungshäufigkeit vom ÖPV (NÖV), für Probanden über 60 Jahre (AL) und für Probanden mit Pkw-Verfügbarkeit eingehen. Die binäre abhängige Variable stellt die Entscheidung der Probanden dar, sich für das Angebot des ÖPV (=1) zu entscheiden oder bei ihrer ursprünglichen Wahl des Verkehrsmittels zu bleiben (=0). Zur Schätzung des Modells wurden alle 290 SP-Experiment zur Verkehrsmittelwahl einbezogen. Die Ergebnisse sind in Tabelle 5.1 aufgeführt. Da das Modell nicht zur Diskussion der Bedeutung der unabhängigen Variablen dient, kann der schwachen Anpassungsfähigkeit an die Variabilität mit einem Bestimm-

Tab. 5.2.: Veränderungen im Modal-Split bei Personen ohne Zeitkarte

Verkehrsmittel	Ausgangs-nachfrage		Nachfrage bei flexiblem Tarif	
	Wege	Anteil [%]	ΔWege	Anteil [%]
zu Fuß	162.070	17,4	-5.638	16,8
Fahrrad	106.292	11,4	-2.677	11,1
Auto	536.479	57,5	-2.165	57,2
Auto Mitfahrer	99.231	10,6	-930	10,5
ÖPV	29.275	3,1	+11.410	4,4

heitsmaß nach McFadden von Pseudo-$R^2 = 0{,}10$ eine untergeordnete Rolle zugeschrieben werden.

Die Pkw-Verfügbarkeit wurde aus den Angaben der Probanden ermittelt. Gaben die Probanden an, dass ihr Haushalt über mindestens einen Pkw verfügt und sie einen Führerschein besitzen, so wurde für diese Probanden angenommen, dass eine Pkw-Verfügbarkeit besteht. Die Regelmäßigkeit der ÖPV-Nutzung wurde ebenfalls anhand der Angaben der Probanden bestimmt. Gaben die Probanden an, mehr als einmal im Monat den ÖPV zu nutzen, wurden sie als regelmäßige ÖPV-Nutzer klassifiziert. Die Verkehrsnachfragedaten des Rhein-Neckar-Modells ließ diese Definition nicht zu. Hier wurde eine regelmäßige ÖPV-Nutzung erst angenommen, wenn die Probanden angaben, mindestens einmal in der Woche den ÖPV zu nutzen.

Die Auswahl der Variablen ergaben sich in der Regel aus den Ergebnissen der deskriptiven Analyse des SP-Experiment zur Verkehrsmittelwahl. Obwohl nicht ganz das Signifikanzniveau von 90 % erreicht wurde, blieben die Variablen Preisdifferenz, Geschlecht und Alter im Modell, andere nicht signifikanten Variablen wie das bisherig genutzte Verkehrsmittel wurden entfernt.

Das Modell wurde auf die Verkehrsnachfrage des Untersuchungsraums angewandt, wobei Preisdifferenzen im ÖPV nicht berücksichtigt wurden. Die Veränderungen im Modal-Split sind in Tabelle 5.2 dargestellt. Auf die Gesamtverkehrsnachfrage von Personen ohne Zeitkarte bezogen zeigen sich keine bedeutenden Veränderungen. Allerdings ist die Veränderung im ÖPV

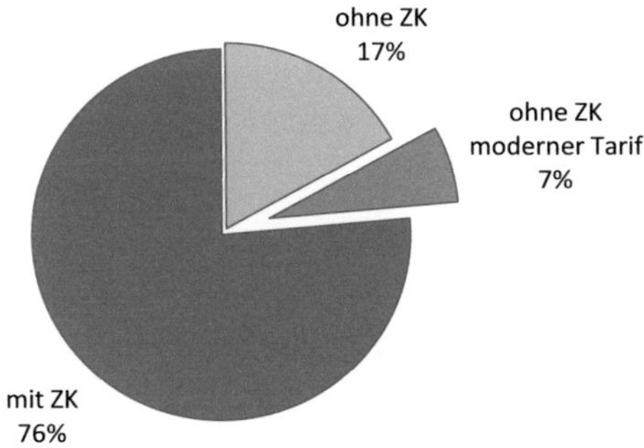

Abb. 5.2.: ÖPV-Fahrten nach Zeitkartenbesitz (ZK)

mit zusätzlich 39 % Wegen, die von diesem Personenkreis verlagert werden, deutlich.

Diese Veränderung bezieht sich allerdings nur auf die ÖPV Wege, die von Fahrgästen ohne Zeitkarte unternommen werden. Wie sich diese Veränderung im Vergleich zu allen ÖPV Wegen darstellt, ist in Abbildung 5.2 dargestellt. Insgesamt 7 % der ÖPV Wege werden somit Aufgrund flexibler Tarife durchgeführt. Bei der Interpretation dieser Ergebnisse sind die zuvor ausgeführten Modellannahmen zu berücksichtigen. Das Modell stellt nur eine deutlich vereinfachende Anwendung der Ergebnisse des SP-Experiments dar.

6. Zusammenfassung und Ausblick

In öffentlichen Verkehrssystemen werden sich EFM-Systeme mehr und mehr etablieren. Mit ihnen können flexible Tarife eingesetzt und damit der Zugang zu öffentlichen Verkehren vereinfacht werden. Der sich durch flexible Tarife ergebende Fächer an Gestaltungsmöglichkeiten ist groß. Aufbauend auf einer kurzen Beschreibung der Preisdifferenzierung bei Dienstleistungen im allgemeinen, wurden die Gestaltungsmöglichkeiten im Personennahverkehr systematisch dargestellt. Ihre bisherigen Implementierungsformen analysiert und die durch flexible Tarife gewonnenen Optionen bewertet.

Ebenso vielfältig wie die Gestaltungsmöglichkeiten von flexiblen Tarifen ist allerdings auch das Mobilitätsverhalten der Menschen zu sehen und die sich hieraus ergebenden Affinitäten für bestimmte Tarifgestaltungselemente. In dieser Arbeit wurde versucht, Erkenntnisse über die Wirkung von flexiblen Tarifen auf den Kunden zu gewinnen. Die Lücke in den wissenschaftlichen Untersuchungen zwischen qualitativen Studien zu einzelnen Tarifgestaltungselementen und detaillierten, quantitativen Untersuchungen eines speziellen Tarifs wurde versucht zu schließen. Hierzu wurde eine Befragung konzipiert und im Raum Karlsruhe durchgeführt.

Die aus anderen Dienstleistungen bekannte Tendenz, Tarife mit Festpreis zu bevorzugen, konnte auch für den Bereich des öffentlichen Verkehrs nachgewiesen werden. Die Analyse hat gezeigt, dass hauptsächlich ein Versicherungseffekt diese Tendenz zu Festpreisen hervorruft; die Nutzer streben an, sich gegen unbekannten Kosten abzusichern. Zusätzlich wurde sichtbar, dass aus Bequemlichkeit ein Hang zur Beibehaltung der gewohnten Tarifwahl besteht. Effekte aus einer kontinuierlichen Berechnung genau der in Anspruch genommenen Leistung, wie sie flexible Tarife ermöglichen, konnten nicht allgemeingültig belegt werden.

Bei den Tarifgestaltungselementen zeigt sich eine hohe Aufgeschlossenheit gegenüber einer exakten Abrechnung der in Anspruch genommenen Leistung. Sie ist bei Kunden, die bisher keinen Tarif mit Festpreis nutzen, ausgeprägter. Insgesamt wenig Affinität erzeugen Tarifgestaltungselementen, die das Konzept einer Auslastungssteuerung verfolgen. Unabhängig davon, ob der Kunde auf Basis seiner bisherigen Nutzung hiervon profitieren würde oder nicht, wird dieses Konzept solidarisch abgelehnt. Lediglich zeitlich eher flexibel einzuschätzende Gruppen wie Teilzeitberufstätige zeigen Affinitäten für dieses Konzept.

Für viele andere Tarifgestaltungselemente lassen sich keine klaren Mehrheiten ausmachen. Vielmehr zeigt sich ein deutlicher Einfluss des Geschlechtes, des sozialen Staus und des bisher genutzten Tarifs auf die Wirkung der untersuchten Tarifmerkmale.

Verhaltensänderungen in Bezug zur Verkehrsmittelwahl aufgrund flexibler Tarife lassen sich in stated preference Untersuchungen zeigen. Dabei stellt sich die Größenordnung der Verhaltensänderung abhängig von der Intensität der bisherigen ÖPV-Nutzung und dem Alter der Person dar. Geringe Abhängigkeiten sind aufgrund des ursprünglich genutzten Verkehrsmittels, des Wegezwecks, des Geschlechts oder des Verkehrsaufkommens der Person zu beobachten.

Trotz aller Analysen werden Wirkungseffekte von Tarifen immer nur mit Ungewissheiten bestimmt werden können – unabhängig vom Dienstleistungssektor. Daher wird auch in Zukunft die Aussage von Corey (1991) Geltung behalten:

> "Pricing is an art, a game played for high stakes; for marketing strategists, it is the moment of truth."

Dennoch ist es wichtig, ein möglichst genaues Bild der Wirkungseffekte flexibler Tarife zu erstellen. Dabei sind Wechselwirkungen zwischen eingesetzter Technologie, umgesetztem Tarif und operativer Durchführung zu berücksichtigen. Selbst ein strategisch geplanter Tarif kann durch operative Defizite ungewünschte Wirkungen entfalten.

Um die Wirkung flexibler Tarife auf die Verkehrssysteme darzustellen, lösen Methoden zur Wirkungsmessung, wie sie in dieser Arbeit verwendet wurden, nur einen Teil der Aufgabe. Der andere Teil liegt in der modellhaften Anwendung dieser Wirkungseffekte; dies ist nicht nur bei der Einführung flexibler Tarife vorzunehmen, sondern stellt eine kontinuierliche Aufgabe dar, da auch flexible Tarife stetig weiterentwickelt werden müssen. Wie Verkehrsnachfragemodelle anzupassen sind, um diese Aufgabe zu erfüllen, wurde skizzenhaft am 4-Stufen Verkehrsnachfragemodell dargestellt. Weitere Arbeiten sind nötig, um praktikable Lösungen zu finden.

Die aufgezeigten neuen Möglichkeiten in der Tarifgestaltung durch flexible Tarife erlauben vielfältige Preisdifferenzierungsmöglichkeiten. Eine intensive Nutzung dieser Möglichkeit steht aber in einem Spannungsverhältnis zum Wunsch eines einfachen und überschaubaren Tarifs. In der vorliegenden Arbeit wurde dieses Spannungsverhältnis nur indirekt über Tarifpräferenzen berührt. Eine generelle Betrachtung von Preisdifferenzierungsintensitäten bei flexiblen Tarifen der öffentlichen Verkehre und die Wahrnehmung durch den Nutzer stellen weitere Themenfelder der Forschung dar. Zwar führen EFM-Systeme durch die automatische Fahrterfassung diese Preisdifferenzierungen automatisch durch, dennoch stehen sie in der Bewertung durch den Nutzer.

Ebenfalls konnten rechtliche Fragestellungen in Zusammenhang mit flexiblen Tarifen nur schlaglichtartig betrachtet werden. Inwieweit elektronische Verfahren im Bereich der Nutzungsentgelte rechtlich zulässig sind, welche Veränderungen sich im Prozess der Genehmigung eines flexiblen Tarifs ergeben und inwieweit rechtliche Vorgaben für eine pragmatische Vorgehensweise bei der Genehmigung geschaffen werden müssen, sind zu klären. Hinzu kommen datenschutzrechtliche Fragen sowohl hinsichtlich der Datenverarbeitung innerhalb von EFM-Systemen als auch für Schnittstellen nach außen.

Literaturverzeichnis

[Ackermann 2007] ACKERMANN, Till: Gemeinsames Handy-Ticket - erste Ergebnisse des Pilotbetriebes. In: *Bus & Bahn* 12 (2007), S. 5

[Amoroso u. Magnier-Watanabe 2012] AMOROSO, Donald L. ; MAGNIER-WATANABE, Rémy: Building a Research Model for Mobile Wallet Consumer Adoption: The Case of Mobile Suica in Japan. In: *Journal of Theoretical and Applied Electronic Commerce Research* 7 (2012), S. 94–110

[Arentze u. Timmerman 2000] ARENTZE, Theo A. ; TIMMERMAN, Harry J.: ALBATROSS - A learning-based transportaion oriented simulation system / Eindhoven University of Technology. 2000. – Forschungsbericht

[Axhausen 1995] AXHAUSEN, Kay W.: Was sind die Methoden der Direkten Nutzenmessung, Conjoint Analysis oder Stated Preferences? In: *Straßenverkehrstechnik* 5 (1995), S. 210–218

[Baier u. Brusch 2009] BAIER, Daniel ; BRUSCH, Michael: *Conjointanalyse*. Springer-Verlag Berlin Heidelberg, 2009. – ISBN 978–3–642–00753–8

[Baumeister 2003] BAUMEISTER, J.: Mobile Ticketing in Osnabrück: Full Service-Konzept für den Fahrscheinkauf über Mobiltelefone. In: *Verkehr und Technik* 7 (2003), S. 271

[Brög u. a. 1984] BRÖG, Werner ; ERL, Erhard ; WÖRNER, Wolfgang: Morning Peak Hours in the Stuttgart Transit and Tariff Authority. In: *Transportation Research Record* 992 (1984), S. 41–46

[Buneman 1984] BUNEMAN, Kerlvin: Aztomated and Passenger-Based Transit Performance Measures. In: *Transportation Research Record* 992 (1984), S. 23–28

[Böhm u. a. 2008] *Kapitel* Location-based ticketing in public transport. In: BÖHM, Andreas ; MURTZ, Bernhard ; SOMMER, Carsten ; WERMUTH, Manfred: *Digital Excellence*. Springer, 2008. – ISBN 978–3–540–72620–3, S. 67–76

[Calypso Networks Association (CNA) 2013] CALYPSO NETWORKS ASSOCIATION (CNA): *Calypso Technical Specification*. http://www.calypsostandard.net/, 2013

[Cassady 1946] CASSADY, Jr. Ralph: Techniques and Purposes of Price Discrimination. In: *Journal of Marketing* 11 (1946), Nr. 2, S. pp. 135–150. – ISSN 00222429

[Cervero 1985] *Kapitel* Experiences with Time-of-Day Transit Pricing in the United States. In: CERVERO, Robert: *Transportation Research Record*. Bd. 1039: *Transit Marketing and Fare Structure*. Transportation Research Board (TRB), 1985, S. 21–30

[Cervero 1990] CERVERO, Robert: Transit pricing research - A review and synthesis. In: *Transportation* 17 (1990), Nr. 2, S. 117–139. – Cited By (since 1996): 27

[Chlond u. Wirtz 2012] CHLOND, Bastian ; WIRTZ, Matthias: Mobilitäts-profile von Zeitkartennutzern im Nahverkehr. In: *Der Nahverkehr* 5 (2012), S. 15–20

[Churchill 1979] CHURCHILL, Gilbert A.: A Paradigm for Developing Better Measures of Marketing Constructs. In: *Journal of Marketing Research* 16 (1979), Februar, Nr. 1, S. 64–73. ISBN 00222437

[Corey 1991] COREY, E. R.: *Industrial marketing: cases and concepts*. 4th. Prentice-Hall, 1991. – 640 S.

[Dargay u. Hanly 1999] DARGAY, J.M. ; HANLY, M.: *Bus Fare Elasticities: Report to the Department of the Environment, Transport and the Regions*. ESRC Transport Studies Unit, 1999

[DellaVigna u. Malmendier 2006] DELLAVIGNA, Stefano ; MALMENDIER, Ulrike: Paying Not to Go to the Gym. In: *American Economic Review* 96 (2006), June, Nr. 3, S. 694–719

[Deutsche Bahn AG 2008] DEUTSCHE BAHN AG: In wenigen Schritten zum Handy-Ticket / Deutsche Bahn AG. 2008. – Forschungsbericht

[Dios Ortúzar u. Willumsen 1994] DIOS ORTÚZAR, Juan d. ; WILLUMSEN, Luis G.: *Modelling transport*. 2. ed. Wiley, 1994. – ISBN 0–471–94193–X, 0–471–96534–0

[Ebner 2008] *Kapitel* Smart Card Production Environment. In: EBNER, Claus: *Smart Cards, Tokens, Security and Applications*. Springer, 2008, S. 27–50

[Engelmann 2009] ENGELMANN, Marc: *Die Komplexität von Preissystemen - Theoretische Fundierung, Kundenwahrnehmung und Erfolgsfaktoren*. Bd. 72. Schriftenreihe Schwerpunkt Marketing, 2009

[Faßnacht 1996] FASSNACHT, Martin: *Preisdifferenzierung bei Dienstleistungen : Implementationsformen und Determinanten*. Wiesbaden, Johannes Gutenberg-Universität Mainz, Diss., 1996

[Faßnacht 1998] FASSNACHT, Martin: Preisdifferenzierungsintensität bei Dienstleistern. In: *Zeitschrift für Betriebswirtschaft* 68 (1998), S. 719–743

[Finkenzeller 2008] FINKENZELLER, Klaus: *RFID-Handbuch : Grundlagen und praktische Anwendungen von Transpondern, kontaktlosen Chipkarten und NFC*. 5., aktualisierte und erw. Aufl. München : Hanser, 2008. – 5 S. – ISBN 978–3–446–41200–2

[Follmer u. a. 2004] FOLLMER, Robert ; KUNERT, Uwe ; KLOAS, Jutta ; KUHFELD, Hartmut: Mobilität in Deutschland - Ergebnisbericht / infas Institut für angewandte Sozialwissenschaft GmbH, Deutsches Institut für Wirtschaftsforschung (DIW). 2004. – Forschungsbericht

[Forschungsgesellschaft für Straßen- und Verkehrswesen 2008] FORSCHUNGSGESELLSCHAFT FÜR STRASSEN- UND VERKEHRSWESEN: *Richtlinien für integrierte Netzgestaltung (RIN)*. Köln, 2008

[Forschungsgesellschaft für Straßen- und Verkehrswesen 2012] FORSCHUNGSGESELLSCHAFT FÜR STRASSEN- UND VERKEHRSWESEN ; VERKEHRSPLANUNG, Arbeitsgruppe (Hrsg.): *Hinweise zu Panel- und Mehrtageserhebungen zum Mobilitätsverhalten: Methoden und Anwendungen*. Ausg. 2012. Köln : FGSV-Verl., 2012 (FGSV ; 160 : W1). – ISBN 978–3–86446–016–6

[Frondel u. Vance 2011] FRONDEL, Manuel ; VANCE, Colin: Rarely enjoyed? A count data analysis of ridership in Germany's public transport. In: *Transport Policy* 18 (2011), Nr. 2, 425 - 433. http://dx.doi.org/10.1016/j.tranpol.2010.09.009. – DOI 10.1016/j.tranpol.2010.09.009. – ISSN 0967–070X

[Gambetta 2005] GAMBETTA, Ralph: *Probleme bei der Implementation von technischen Innovationen am Beispiel des öffentlichen Verkehrs - dargestellt am EU-Projekt ICARE (Integration of Contactless Applications into Public Transport Environment)*. Oldenburg, 2005. – 363 S.

[Gerpott 2009] GERPOTT, Torsten J.: Biased choice of a mobile telephony tariff type: Exploring usage boundary perceptions as a cognitive cause in choosing between a use-based or a flat rate plan. In: *Telematics and Informatics* 26 (2009), Nr. 2, 167 - 179. http://dx.doi.org/10.1016/j.tele.2008.02.003. – DOI 10.1016/j.tele.2008.02.003. – ISSN 0736–5853

[Gertz Gutsche Rümenapp - Stadtentwicklung und Mobilität 2005] GERTZ
GUTSCHE RÜMENAPP - STADTENTWICKLUNG UND MOBILITÄT: Aus-
wertung der Erhebung "Mobilität in Deutschland"(MiD) in Bezug auf
Wochen- und Jahresgang / Bundesministerium für Verkehr, Bau- und
Wohnungswesen. 2005. – Schlußbericht Forschungsprogramm Stadtver-
kehr FE-Nr. 70.0755/2004

[GfK Group 2003] GFK GROUP: *Ergebnisse der Kreativgruppen zum
Thema Ëlektronischer Tarif"*. 2003. – im Auftrag der Rhein-Main-
Verkehrsverbund GmbH

[Gillen 1994] *Kapitel* Peak Pricing Strategies in Transportation, Utilities
and Telecommunications: Lessons for Road Pricing. In: GILLEN, David:
Curbing gridlock: peak-period fees to relieve traffic congestion. National
Research Council (U.S.) Transportation Research Board (TRB), 1994,
S. 115–151

[Gringmuth 2007] GRINGMUTH, Christoph: *Einfluss von Budgetrestriktio-
nen auf Wochenpläne von Verkehrsteilnehmern*. Baden-Baden, Universität Karlsruhe, Diss., 2007

[Grote u. a. 2004] GROTE, Uwe ; PROMOLI, Katharina ; JOSEPH, Matthias:
Mobile Tickets per Handy. In: *Der Nahverkehr* 3 (2004), S. 39–41

[Grubb 2009] GRUBB, Michael D.: Selling to Overconfident Consumers. In:
American Economic Review 99 (2009), S. 1770–1807

[Gründel 2002] GRÜNDEL, Torsten: Ein Tarifmodell für elektronisches Fahrgeldmanagement im ÖPNV. In: *Public Transport International* 5 (2002),
S. 48–52

[Gründel 2006] GRÜNDEL, Torsten: *Ein Beitrag zur automatisierten Berechnung von Leistungsparametern des ÖPNV mittels Daten aus elektronischen Fahrgeldmanagementsystemen*, Universität Dresden, Diss., 2006.
– 194 S

[Gyger 2001] GYGER, Thomas: Test EasyRide: Die Lösung des Konsortium
Swatch - EM Martin - Hayek / EM Microelectronic Marin SA. 2001. –
Forschungsbericht

[Hamburger Verkehrs Verbund (HVV) 2012] HAMBURGER VER-
KEHRS VERBUND (HVV): *Neue HVV-Card im Raum Harburg*.
http://www.hvv.de/aktuelles/neuigkeiten/2012/_10_25_HVV-Card.php.
Version: 10 2012

[Hanss u. a. 2009] HANSS, Wilhelm G. ; NEBE, Peter ; SELLE, Michael ; JUNG, Ulf: Problemlos fahren mit easy.GO! In: *Der Nahverkehr* 5 (2009), S. 26–28

[Held u. Scheier 2006] HELD, Dirk ; SCHEIER, Christian: *Wie Werbung wirkt. Erkenntnisse des Neuromarketing*. Haufe-Lexware, 2006. – ISBN 978–3448072518

[Heydt-Banjamin u. a. 2006] HEYDT-BANJAMIN, Thomas S. ; CHAE, Hee-Jin ; DEFEND, Benessa ; FU, Kevin: Privacy for Public Transportation. In: *Privacy Enhancing Technologies*, 2006, S. 1–19

[Hoffmeyer-Zlotnik 1997] *Kapitel* Radnom-Route-Stichproben nach ADM. In: HOFFMEYER-ZLOTNIK, Jürgen H.: *Stichproben in der Umfragepraxis*. Opladen : Westdt. Verl., 1997 (ZUMA-Publikationen). – ISBN 3–531–13061–7, S. 33–42

[Hosmer u. Lemeshow 2000] HOSMER, David W. ; LEMESHOW, Stanley: *Applied logistic regression*. 2. ed. New York [u.a.] : Wiley, 2000 (Wiley series in probability and statistics). – ISBN 0–471–35632–8

[Ircha u. Gallagher 1985] IRCHA, Michael C. ; GALLAGHER, Margaret A.: Urban Transit: Equity Aspects. In: *Journal of Urban Planning and Development* 111 (1985), 11, S. 1–9

[ITSO Limited 2013] ITSO LIMITED: *ITSO Technical Specification*. http://www.itso.org.uk/, 2013

[Iwuagwu 2009] IWUAGWU, O. F.: *Electronic Ticketing in Public Transportation Systems: the need for Standardization*, University of Technology, Eindhoven, Diplomarbeit, 2009

[Janssen 2009] JANSSEN, J. A. L.: Deutsches (((eTicket wird international. In: *Bus & Bahn* 3 (2009), S. 4–5

[Janssen 2008] JANSSEN, Jozef A. L.: Chipkarte in den Niederlanden - Ihre Entwicklung und Einführung. In: *Der Nahverkehr* 1-2 (2008), S. 14–19

[Just u. Wansink 2011] JUST, David R. ; WANSINK, Brian: The Fixed Price Paradox: Conflicting Effects of Äll-You-Can-Eat"Pricing. In: *Review of Economics and Statistics* 9 (2011), S. 193–200

[Kahneman u. Tversky 1979] KAHNEMAN, Daniel ; TVERSKY, Amos: Prospect Theory: An Analysis of Decision under Risk. In: *Econometrica* 47 (1979), Nr. 2, S. 263–292. – ISSN 00129682

[Karlsruher Verkehrsverbund (KVV) 2009] KARLSRUHER VERKEHRSVERBUND (KVV): *Gemeinschaftstarif.* Bd. B. Tarifbestimmungen und Fahrpreise. Karlsruher Verkehrsverbund (KVV), 2009. – 27–54 S.

[Kitamura 1996] KITAMURA, Ryuichi: Applications of models of activity behavior for activity based demand forecasting. In: *Activity-Based Travel Forecasting Conference, New Orleans, Louisiana,* 1996

[Kleppmann 2011] KLEPPMANN, Wilhelm: *Taschenbuch Versuchsplanung: Produkte und Prozesse optimieren.* 7., aktualisierte und erweiterte Auflage. München : Hanser Verlag, 2011 (Praxisreihe Qualitätswissen). – ISBN 978–3–446–42774–7

[Kling u. Van der Plög 1990] *Kapitel* Estimating local call elasticities with a model of stochastic class of service and usage choice. In: KLING, John P. ; PLÖG, Stephen S. d.: *Telecommunications Demand Modelling.* North-Holland, 1990. – ISBN 0–444–88539–0, S. 119–136

[Klingner 2007] KLINGNER, Matthias: ALLFA-Ticket - Elektronisches Fahrgeldmanagement für den öffenltichen Personennahverkehr / Fraunhofer-Institut für Verkehrs- und Infrastruktursysteme IVI. 2007. – Forschungsbericht

[Knoflacher 1995] KNOFLACHER, Hermann: *Fußgeher- und Fahrradverkehr: Planungsprinzipien.* Wien [u.a.] : Böhlau, 1995. – ISBN 3–205–98308–4

[Kontiki e. V. 2003] *Kapitel* Technologie-Entwicklung. In: KONTIKI E. V.: *Handlungsempfehlungen: STRATEGIEN - MODELLE - UNTERSUCHUNGEN.* Kontiki e. V., 2003, S. 28–50

[Krauledat u. Ackermann 2008] KRAULEDAT, Dipl.-Vw. H. ; ACKERMANN, Dr.-Ing. Dipl.-Kfm. T.: Das Handy als Fahrkartenautomat. In: *Der Nahverkehr* 4 (2008), April, S. 10–14

[Kridel u. a. 1993] KRIDEL, Donald J. ; LEHMAN, Dale E. ; WEISMAN, Dennis L.: Option value, telecommunications demand, and policy. In: *Information Economics and Policy* 5 (1993), Nr. 2, 125 - 144. http://dx.doi.org/10.1016/0167-6245(93)90018-C. – DOI 10.1016/0167–6245(93)90018–C. – ISSN 0167–6245

[Krämer u. Wiewiorra 2012] KRÄMER, Jan ; WIEWIORRA, Lukas: Beyond the flat rate bias: The flexibility effect in tariff choice. In: *Telecommunications Policy* 36 (2012), Nr. 1, 29 - 39. http://dx.doi.org/10.1016/j.telpol.2011.11.015. – DOI 10.1016/j.telpol.2011.11.015. – ISSN 0308–5961

[Kuhnimhof u. a. 2012] KUHNIMHOF, Tobias ; BUEHLER, Ralph ; WIRTZ, Matthias ; KALINOWSKA, Dominika: Travel trends among young adults in Germany: increasing multimodality and declining car use for men. In: *Journal of Transport Geography* 24 (2012), S. 443–450

[Kutter 2003] KUTTER: *Modellierung für die Verkehrsplanung.* 2003

[König 2012] KÖNIG, Tom: *Verloren in der Tarif-Todeszone.* http://www.spiegel.de/wirtschaft/soziales/0,1518,816980,00.html. Version: 3 2012

[Lambrecht 2006] LAMBRECHT, Bernd Anja; S. Anja; Skiera: Ursachen eines Flatrate-Bias - Systematisierung und Messung der Einflussfaktoren. In: *Schmalenbachs Zeitschrift für betriebswirtschaftliche Forschung* 58 (2006), S. 588–617

[Lathia u. Capra 2011] LATHIA, Neal ; CAPRA, Licia: How smart is your smartcard?: measuring travel behaviours, perceptions, and incentives. In: *Proceedings of the 13th international conference on Ubiquitous computing.* New York, NY, USA : ACM, 2011 (UbiComp '11). – ISBN 978–1–4503–0630–0, 291–300

[Li 2012] LI, Wenqi: *Abschätzung von Kilometerpreisen für Nutzer des Personennahverkehrs,* Karlsruhe Institut für Technologie (KIT) - Institut für Verkehrswesen (IfV), Bachelorarbeit, 2012

[Maurer 2005] *Kapitel* Befragtenauswahl bei Telefonumfragen. Wie zuverlässig ist die Geburtstagsmethode? In: MAURER, Marcus: *Auswahlverfahren in der Kommunikationswissenschaft.* Köln : Halem-Verl., 2005. – ISBN 3–938258–10–1, S. 203–222

[Mayer 2009] MAYER, Horst O.: *Interview und schriftliche Befragung : Entwicklung, Durchführung und Auswertung.* 5., überarb. Aufl. München : Oldenbourg, 2009. – ISBN 978–3–486–59070–8

[mi Verlag 1974] MI VERLAG (Hrsg.): *Marketing-Enzyklopädie : das Marketingwissen unserer Zeit in 3 Bänden.* München : Verlag Moderne Industrie, 1974

[Mobilkom Austria AG 2007] MOBILKOM AUSTRIA AG: *NFC: Die kontaktlose Schnittstelle.* http://www.mobilkom.at/de/nfc. Version: 2007

[Müller u. Reinhold 2005] MÜLLER, Johannes ; REINHOLD, Tom: Ein Jahr Vordereinstieg beim Bus. In: *Der Nahverkehr* 10 (2005), S. 58–59

[Müller 2010] MÜLLER, Miriam: *Das NRW-Semesterticket - Akzeptanz, Nutzungen und Wirkungen dargestellt am Fallbeispiel der Universität Bielefeld*, Wuppertaler Institut für Klima, Umwelt, Energie GmbH, Diplomarbeit, 2010

[news tix 2011] NEWS TIX: *Höhenflug für KolibriCard: Sechs Millionen Nutzungen - Das elektronische Ticket des KreisVerkehrs Schwäbisch Hall kommt bei den Fahrgästen an.* 2 2011

[Norta 2012] NORTA, Manuel: Tarif- und Erlösdatenmanagement. In: *Der Nahverkehr* 10 (2012), S. 50–55

[Nunes 2000] NUNES, Joseph C.: A Cognitive Model of People's Usage Estimations. In: *Journal of Marketing Research* 37 (2000), S. 397–409

[Nuworsoo u. a. 2009] NUWORSOO, Cornelius ; GOLUB, Aaron ; DEAKIN, Elizabeth: Analyzing equity impacts of transit fare changes: Case study of Alameda-Contra Costa Transit, California. In: *Evaluation and Program Planning* 32 (2009), Nr. 4, S. 360 – 368. – ISSN 0149–7189

[Olenius 2008] OLENIUS, Pasi: Mobile Ticketing / Plusdial Oy. 2008. – Presentation

[OSPT Alliance 2013] OSPT ALLIANCE: *The CIPURSE Open Standard.* http://www.osptalliance.org, 2013

[Petersen u. a. 2004] PETERSEN, Knut ; WEIGELE, Stefan ; COLBERG, Tilmann ; WAGNER-DAVIDSMEYER, Almuth: Systematisches Ertragsmanagement im ÖPNV / BSL Management Consultants Bente, Petersen & Partner. 2004. – Forschungsbericht

[Philipp 2001] PHILIPP, Klaus: Elektronisches Ticketing im Öffentlichen Personenverkehr (ÖPV). Europäisch interoperabel oder regionale Insel? In: *Österreichische Zeitschrift für Verkehrswissenschaft - ÖZV* 1 (2001), S. 20–22

[Phlips 1983] PHLIPS, Louis: *The economics of price discrimination.* Cambridge University Press, 1983

[Pigou 1960] PIGOU, Arthur C.: *The economics of welfare.* 4. ed., repr. London [u.a.] : MacMillan, 1960

[Puller u. Taylor 2012] PULLER, Steven L. ; TAYLOR, Lisa M.: Price discrimination by day-of-week of purchase: Evidence from the U.S. airline industry. In: *Journal of Economic Behavior & Organization* 84 (2012), Nr. 3, 801 - 812.

http://dx.doi.org/http://dx.doi.org/10.1016/j.jebo.2012.09.022.
– DOI http://dx.doi.org/10.1016/j.jebo.2012.09.022. – ISSN 0167-2681

[Quast u. a. 2012] QUAST, Ferry ; PROBST, Gerhard ; LÄMMER, Stefan
; SCHULTE, Reinhard: Wirtschaftliche Bewertung eines elektronischen
Tarifs. In: *Internationales Verkehrswesen* 5 (2012), S. 50–53

[Rothe 1986] ROTHE, Günter: Wie (un)wicthig sind Gewichtungen? Eine
Untersuchung am ALLBUS 1986. In: *ZUMA Nachrichten (Zentrum für
Umfragen, Methoden und Analysen e.V.)* 26 (1986), S. 32–56

[Rothe u. Wiedenbeck 1987] ROTHE, Günter ; WIEDENBECK, Michael: Stichprobengewichtung: ist Repräsentativität machbar? In: *ZUMA
Nachrichten (Zentrum für Umfragen, Methoden und Analysen e.V.)* 11
(1987), S. 43–58

[Röhrich 2008] RÖHRICH, Hansjörg: Developments and projects of eTicketing for European public transportation. In: *eurotransport* 5 (2008), S.
35–38

[Sammer 2003] *Kapitel* Ensuring Quality in Stated Response Surveys.
In: SAMMER, Gerd: *Transport Survey Quality and Innovation.* Elsevier,
2003, S. 365–375

[Schaffarzyk 2008] SCHAFFARZYK, Tim: *Das Semesterticket in Karlsruhe
und die Ergebnisse der Umfrage zu dessen Nutzung*, Institut für Wirt-
schaftspolitik und Wirtschaftsforschung (IWW), Universität Karlsruhe,
Studienarbeit, 2008

[Schlereth u. Skiera 2012] SCHLERETH, Christian ; SKIERA, Bernd: Measu-
rement of consumer preferences for bucket pricing plans with different
service attributes. In: *International Journal of Research in Marketing*
29 (2012), Nr. 2, S. 167–180

[von Schlieffen 2008] SCHLIEFFEN, Gisela G.: Das verbundweite RMV-
HandyTicket / Rhein-Main Verkehrsverbund. 2008. – Forschungsbericht

[Schmiedel 1984] SCHMIEDEL, Reinhard: *Bestimmung verhaltensähnlicher
Personenkreise für die Verkehrsplanung.* Karlsruhe, Institut für Städte-
bau und Landesplanung der Universität Karlsruhe (TH), Diss., 1984. –
kart. (Pr. nicht mitget.)

[Schulze u. Gedenk 2005] SCHULZE, Timo ; GEDENK, Karen: Biases bei der
Tarifwahl und ihre Konsequenzen für die Preisgestaltung. In: *Zeitschrift
für Betriebswirtschaft* 75 (2005), Nr. 2, S. 157–184

[Schwarzmann 1995] SCHWARZMANN, Rainer: *Der Einfluß von Nutzerin-formationenssystemen auf die Verkehrsnachfrage*, Institut für Verkehrs-wesen - Universität Karlsruhe, Diss., 1995

[Schweiger 2012] SCHWEIGER, Sebastian: *Konzeptstudie zur Erhebung der Wirkung von modernen Tarifen im öffentlichen Personennahverkehr*, Karlsruhe Institut für Technologie (KIT), Diplomarbeit, 2012

[Schönfelder u. Axhausen 2009] SCHÖNFELDER, Stefan ; AXHAUSEN, Kay W.: *Urban rhythms and travel behaviour: spatial and temporal henomena of daily travel.* Ashgate Publishing Limited, 2009. – ISBN 978–0–7546–7545–0

[Seeringer 2010] SEERINGER, Christian: *Kundenwertorientiertes Marketing*, Technische Universität Dresden, Diss., 2010. – 275 ff S

[Skiera 1999] SKIERA, Bernd: *Beiträge zur betribswissenschaftlichen For-schung.* Bd. 90: *Mengenbezogene Preisdifferenzierung bei Dienstleistun-gen.* Deutscher Universitäts-Verlag, 1999

[Sommer 2008] SOMMER, Carsten: Nutzung moderner Ortungstechnologien für Handy-Ticketing-Systeme. In: *Fachkonferenz Verkehrsmanagement und Verkehrstechnologien - Halle/Saale*, 2008

[Stammler 2005] STAMMLER, Horst: *Nutzerfinanzierte Tarifstrategien.* Ver-band Deutscher Verkehrsunternehmen, 2005 (VDV Mitteilungen 9715)

[TEWET 2000] TEWET ; TEWET TRANSPORT EAST WEST EXPERT TEAM, INSTITUT FÜR BAHNTECHNIK GMBH, INFAS INSTITUT FÜR ANGE-WANDTE SOZIALWISSENSCHAFT GMBH & LUFTHANSA SYSTEMS BERLIN (Hrsg.): *Kundenfreundliche tarifarische Möglichkeiten durch Einsatz der Automatisierten Fahrpreisfindung zur Steigerung der Attraktivität und Leistungsfähigkeit des ÖPNV.* Forschungsprogramm Stadtverkehr des Bundesministeriums für Verkehr, Bau- und Wohnungswesen (FOPS), 2000

[Thaler 1999] THALER, Richard H.: Mental Accounting Matters. In: *Jour-nal of Behavioral Decision Making* 12 (1999), S. 183–206

[The American Association for Public Opinion Research 2011] THE AME-RICAN ASSOCIATION FOR PUBLIC OPINION RESEARCH: *Standard Defini-tions: Final Dispositions of Case Codes and Outcome Rates for Surveys.* 7. AAPOR, 2011

[Vance u. Hedel 2007] VANCE, Colin ; HEDEL, Ralf: The impact of urban form on automobile travel: disentangling causation from correlation. In: *Transportation* 34 (2007), 575–588. http://dx.doi.org/10.1007/s11116-007-9128-6. – DOI 10.1007/s11116-007-9128-6. – ISSN 0049–4488

[VDV-Kernapplikation 2013] VDV-KERNAPPLIKATION: *VDV-Kernapplikation*. http://www.eticket-deutschland.de, 2013

[Verband Deutscher Verkehrsunternehmen (VDV) 2005] VERBAND DEUTSCHER VERKEHRSUNTERNEHMEN (VDV): Nutzerfinanzierte Tarifstrategien / Mitteilung 9715. 2005. – Forschungsbericht

[Verband Deutscher Verkehrsunternehmen (VDV) 2008] VERBAND DEUTSCHER VERKEHRSUNTERNEHMEN (VDV): Ein Jahr bundesweiter HandyTicket-Pilot / Presse Information. 2008. – Forschungsbericht

[Verband Deutscher Verkehrsunternehmen (VDV) 2011] VERBAND DEUTSCHER VERKEHRSUNTERNEHMEN (VDV): VDV-Statistik 2011 / Verband Deutscher Verkehrsunternehmen (VDV). 2011. – Forschungsbericht

[Vives-Gausch u. a. 2010] VIVES-GAUSCH, Arnau ; CASTELLÀ-ROCA, Jordi ; MAGDALENA, M. ; MUT-PUIGSERVER, Macià: An Electronic and Secure Automatic Fare Collection System with Revocable Anonymity for Users. In: *The 8th International Conference on Advances in Mobile Computing & Multimedia*. Paris, November 2010

[Vugdalic 2004] VUGDALIC, Dinka: *Modellierung von Tarifen für digitale Produkte am Beispiel von Mobilfunkverträgen*, Johann Wolfgang Goethe-Universität Frankfurt am Main, Diplomarbeit, 2004

[Wertenbroch 1998] WERTENBROCH, Klaus: Consumption Self-Control by Rationing Purchase Quantities of Virtue and Vice. In: *Marketing Science* 17 (1998), Nr. 4, S. pp. 317–337. – ISSN 07322399

[Whelan u. Crockett 2009] WHELAN, Gerard ; CROCKETT, Jon: An Investigation of the Willingness to Pay to Reduce Rail Overcrowding. In: *Proceedings of the First International Conference on Choice Modelling*. Harrogate, England, April 2009

[Wieg u. Schumacher 2000] WIEG, Mirco ; SCHUMACHER, Claudia: Befragungsmethoden in der empirischen Sozialforschung / Heinrich Heine Universität Düsseldorf. 2000. – Forschungsbericht

[Wirth 2012] WIRTH, Birgit: Das Handy als Ticket nutzen. In: *Der Nahverkehr* 1-2 (2012), S. 12–14

[Wirtz u. a. 2013] WIRTZ, Matthias ; VORTISCH, Peter ; CHLOND, Bastian: *Flatrate-Bias in Public Transportation: Magnitude and Reasoning.* 2013. – UNBUBLISHED

[Wittowsky 2009] WITTOWSKY, Dirk: *Dynamische Informationsdienste im ÖPNV - Nutzung und Modellierung*, Institut für Verkehrswesen - Universität Karlsruhe, Diss., 2009

[Zumkeller u. a. 2010] ZUMKELLER, Dirk ; CHLOND, Bastian ; KAGERBAUER, Martin ; KUHNIMHOF, Tobias ; WIRTZ, Matthias: Deutsches Mobilitätspanel (MOP): Auswertung 2009. 2010. – Forschungsbericht

[Zumkeller u. Kagerbauer 2009] ZUMKELLER, Dirk ; KAGERBAUER, Martin: Integrierte Verkehrsnachfrageanalyse und Prognose der Verkehrsentwicklung in der Metropolregion Rhein-Neckar / Universität Karlsruhe - Institut für Verkehrswesen. 2009. – Schlussbericht

[Zumkeller u. a. 2005] ZUMKELLER, Dirk ; MANZ, Wilko ; LAST, Jörg: Die intermodale Vernetzung von Personenverkehrsmitteln unter Berücksichtigung der Nutzerbedürfnisse (INVERMO) : Schlussbericht; Gefördert vom Bundesministerium für Bildung und Forschung; Förderkennzeichen 19 M 9832 A0 im Programm Mobilität und Verkehr besser Verstehen. Karlsruhe : Institut für Verkehrswesen, 2005. (Forschungsbericht des IfV ; 8101). – Forschungsbericht

A. Abkürzungsverzeichnis & Begriffsdefinitionen

Ausgang Wegekette vom Ausgangspunkt Wohnung bis zur Rückkehr zu dieser.

EFM Elektronisches Fahrgeldmanagement, umfasst alle Systeme und Geschäftsprozesse, die den Vertrieb und die Benutzung von Verkehrsdienstleistungen unter Einsatz elektronischer Medien und Verfahren abwickeln.

Fahrplanzeit Die geplante Zeitlage einer Fahrt. Sie gibt an, zu welchem Zeitpunkt die Ortspunkte einer Route erreicht werden soll.

Fahrt Die Fahrt stellt die Realisierung einer Route dar. Bezogen auf eine Person entspricht sie dem Transport dieser vom Einstieg in ein Fahrzeug bis zum Ausstieg aus dem selbigen. Bezogen auf ein Fahrzeug entspricht sie der Bewegung dieses von einer Starthaltestelle zu einer Zielhaltestelle.

Fahrtabschnitt Teil einer Fahrt zwischen zwei benachbarten Haltestellen.

Fahrtenkette Kombination von Fahrten durch eine Person, wobei die Fahrten in einem für den Tarif relevanten Zusammenhang stehen.

Festpreis-Tarif Tarif, der nach einmaliger Bezahlung einer Gebühr die unbegrenzte Nutzung einer Dienstleistung für einen definierten Zeitraum erlaubt. Im ÖPV ist die Nutzung häufig auch räumlich beschränkt.

Flexibler Tarif Schlagwort für einen Tarif, der die erweiterten Preisdifferenzierungsmöglichkeiten aufgrund einzelner elektronisch erfasster Fahrten nutzt.

Herkömmlicher Tarif Schlagwort für einen Tarif, bei dem die Bepreisung i. d. R nicht auf Basis einzelner erfasster Fahrten erfolgt und sich die Preisdifferenzierung der Praktikabilität durch den Nutzer unterordnet.

Nahbereichsverfahren Als Nahbereichsverfahren (proximity coupling) wird das Kommunikationsverfahren nach ISO 14443 bezeichnet. Es erlaubt eine Kommunikation zwischen Smartcard und Transponder nur über einen Abstand von maximal ca. 0,1 m hinweg.

Nutzungsentgelt Als Nutzungsentgelt wird der vertraglich vereinbarte Preis für eine Dienstleistung bezeichnet.

ÖPV Öffentlicher Personenverkehr

Relation Gerichtete Verknüpfung von Start- und Zielhaltestelle.

Route Geordnete Abfolge an Knoten und Kanten, die im Verkehrsnetz auf dem Weg von einem Startknoten zu einem Zielknoten zurückgelegt wird. Im ÖPV häufig beschrieben durch eine dem Fahrtverlauf gemäß geordnete Liste an Haltestellen.

SP-Experiment Ein Befragungsexperiment, in dem Probanden nach ihrem vermutlichen Verhalten in einer hypothetischen Situation befragt werden.

SPNV Schienenpersonennahverkehr

Tarif Vertrag, der die genauen Bedingungen für das Erbringen von Leistungen festschreibt. Er beinhaltet auch die Art und Weise der Preisberechnung.

Tarifmerkmal Ein in die Preisberechnung einfließendes Merkmal. In herkömmlichen Tarifen finden üblicherweise mengenbezogene und persönliche Tarifmerkmale Anwendung.

Umgebungsbereichsverfahren Als Umgebungsbereichsverfahren (vicinity coupling) wird das Kommunikationsverfahren nach ISO 15693 be-

zeichnet. Es erlaubt eine Kommunikation zwischen Smartcard und
Transponder auch über einen Abstand von 1,5 m hinweg.

Weg Beschreibung der räumlichen und zeitlichen Bewegung einer Person
im Raum.

Zeitkarte Sammelbezeichnung für Produkte die mit einem Festpreis-Tarif
angeboten werden. Typische Zeitkarten im Nahverkehr haben eine
Gültigkeit von einem Tag, einem Monat oder einem Jahr.

B. Befragungsunterlagen

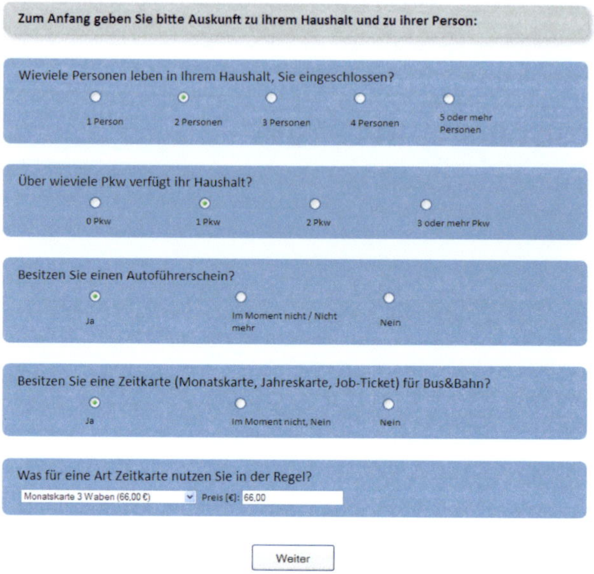

(a) Erster Teil

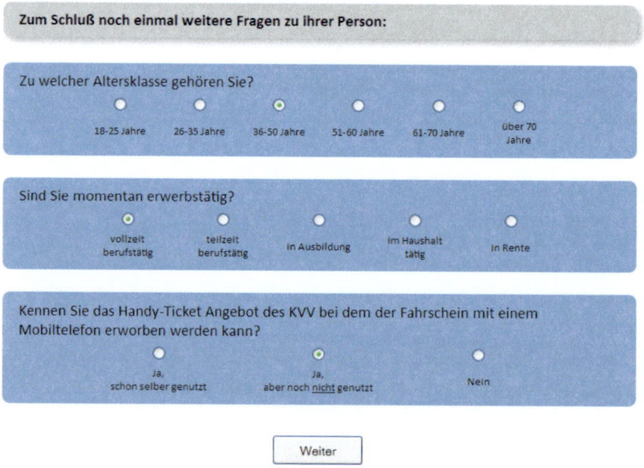

(b) Zweiter Teil

**Abb. B.1.: Bildschirmabzug der Dialoge zur Erfassung der Haushalts-
und Personenattribute**

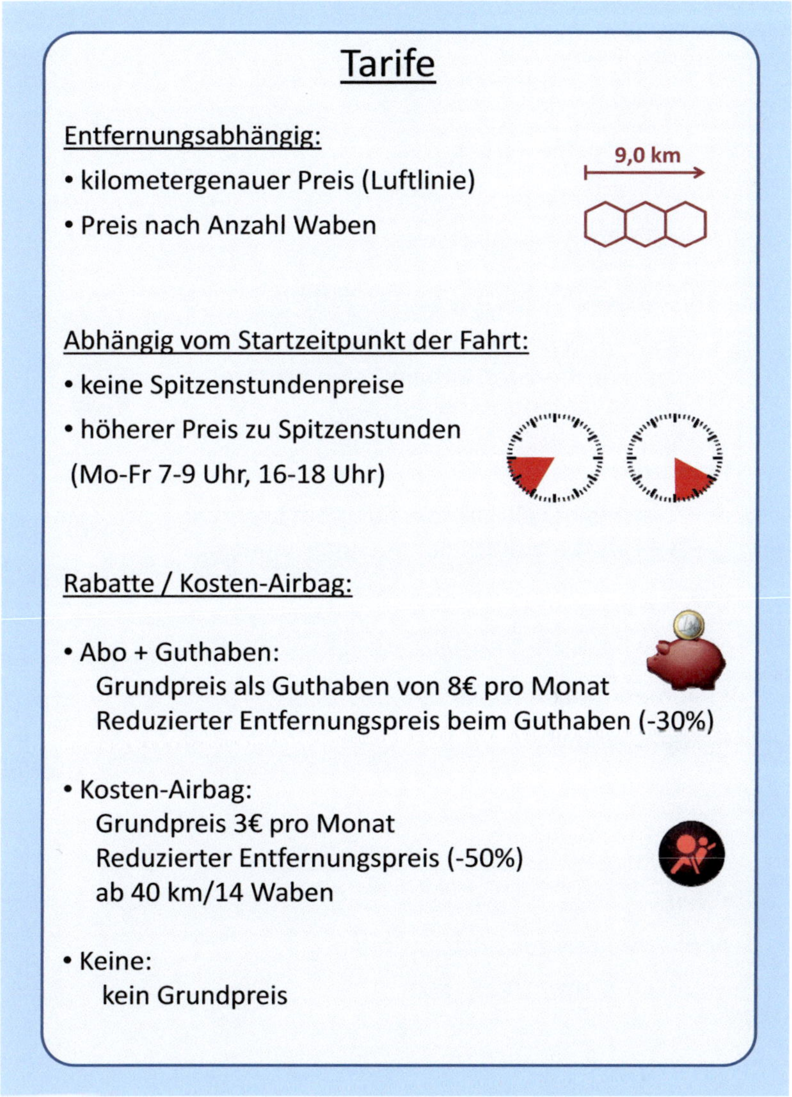

Abb. B.2.: Darstellung der Tarife für Probanden ohne Zeitkarte

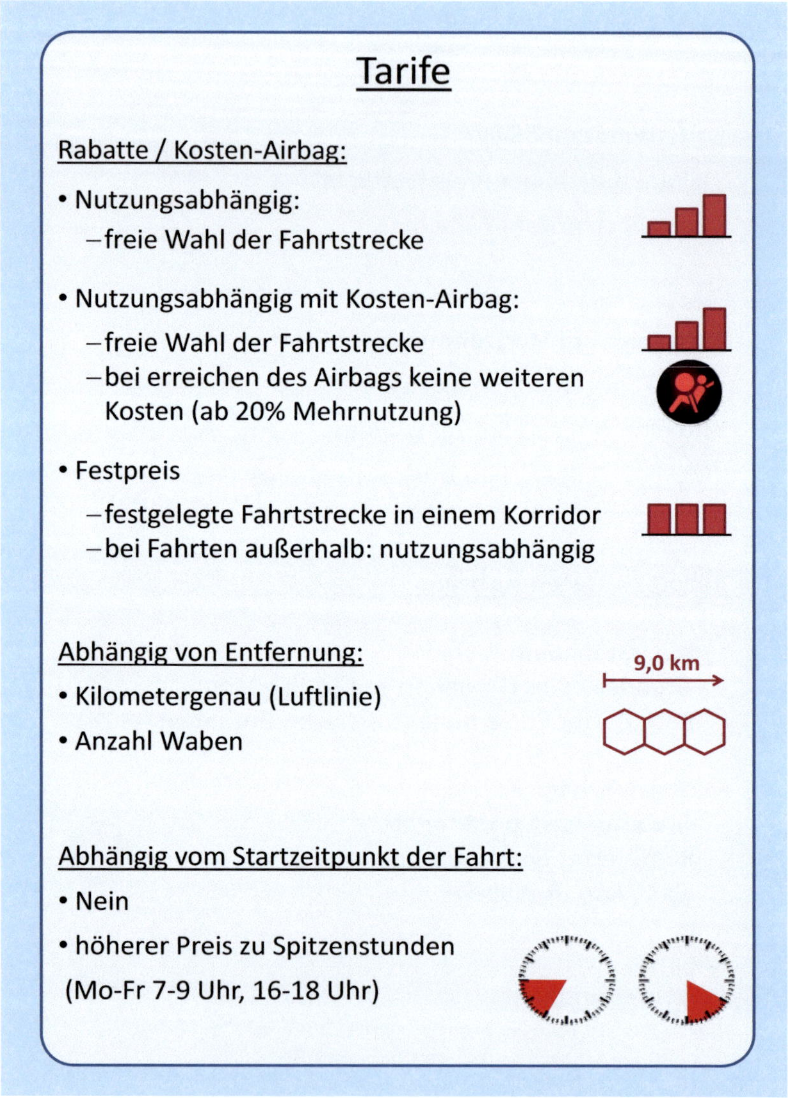

Tarife

<u>Rabatte / Kosten-Airbag:</u>

- Nutzungsabhängig:
  - freie Wahl der Fahrtstrecke

- Nutzungsabhängig mit Kosten-Airbag:
  - freie Wahl der Fahrtstrecke
  - bei erreichen des Airbags keine weiteren Kosten (ab 20% Mehrnutzung)

- Festpreis
  - festgelegte Fahrtstrecke in einem Korridor
  - bei Fahrten außerhalb: nutzungsabhängig

<u>Abhängig von Entfernung:</u>

- Kilometergenau (Luftlinie)
- Anzahl Waben

9,0 km

<u>Abhängig vom Startzeitpunkt der Fahrt:</u>

- Nein
- höherer Preis zu Spitzenstunden (Mo-Fr 7-9 Uhr, 16-18 Uhr)

Abb. B.3.: Darstellung der Tarife für Probanden mit Zeitkarte

Heft 63 – Heine-Nims, T. (2006)

Einbeziehung kurzfristiger Verhaltensänderungen bei der Modellierung
der Verkehrsnachfrage

Heft 62 – Manz, W. (2005)

Mikroskopische längsschnittorientierte Abbildung des Personenverkehrs

Heft 61 – Eberhard, O. (2005)

Wirkungsanalyse individuell-dynamischer Zielführungssysteme im Straßenverkehr

Heft 60 - Waßmuth, V. (2002)

Modellierung der Wirkungen verkehrsreduzierender Siedlungskonzepte

Heft 59 - Oketch, T. (2001)

A Model for Heterogeneous Traffic Containing Non-Motorised Vehicles

Heft 58* - Lipps, O. (2001)

Modellierung der individuellen Verhaltensvariationen bei der Verkehrsentstehung

Heft 57 - Lee, S. (1999)

Wechselwirkungen zwischen Verkehr und Telekommunikation
in einer asiatischen Stadtumgebung

Heft 56 - Kickner, S. (1998)

Kognition, Einstellung und Verhalten –
Eine Untersuchung des individuellen Verkehrsverhaltens in Karlsruhe

Heft 55 - Chlond, B. (1996)

Zeitverwendung und Verkehrsgeschehen –
Zur Abschätzung des Verkehrsumfangs bei Änderungen der Freizeitdauer

Heft 54 - Schwarzmann, R. (1995)

Der Einfluß von Nutzerinformationssystemen auf die Verkehrsnachfrage

Heft 53 - Reiter, U. (1994)

Simulation des Verkehrsablaufs mit individuellen Fahrbeeinflussungssystemen

Heft 52 - Nickel, F. (1994)

Stationsmanagement von Luftverkehrsgesellschaften - Eine systemanalytische
Betrachtung und empirische Untersuchung der Stationsmanagement-Systeme
internationaler Luftverkehrsgesellschaften

Heft 51 - Rekersbrink, A. (1994)

Verkehrsflußsimulation mit Hilfe der Fuzzy-Logic und einem Konzept
potentieller Kollisionszeiten

Heft 50 - Höfler, F. (1994)
Leistungsfähigkeit von Ortsdurchfahrten bei unterschiedlichen
Geschwindigkeitsbeschränkungen - untersucht mit Hilfe der Simulation

Heft 49 - Liu, Y. (1994)
Eine auf FUZZY basierende Methode zur mehrdimensionalen Beurteilung
der Straßenverkehrssicherheit

Heft 48 (1992)
30 JAHRE INSTITUT FÜR VERKEHRSWESEN

Heft 47 - Grigo, R. (1992)
Zur Addition spektraler Anteile des Verkehrslärms

Heft 46 - Hsu, T.P. (1991)
Optimierung der Detektorlage bei verkehrsabhängiger Lichtsignalsteuerung

Heft 45 - Schnittger, St. (1991)
Einfluß von Sicherheitsanforderungen auf die Leistungsfähigkeit von Schnellstraßen

Heft 44 - Zoellmer, J. (1991)
Ein Planungsverfahren für den ÖPNV in der Fläche

Heft 43 - Aly, M.S. (1989)
Headway Distribution Model and Interrelationship between Headway
and Fundamental Traffic Flow Characteristics

Heft 42 - Heidemann, D. (1989)
Ein mathematisches Modell des Verkehrsflusses

Heft 41 - Becker, U. (1989)
Beobachtung des Straßenverkehrs vom Flugzeug aus: Eigenschaften,
Berechnung und Verwendung von Verkehrsgrößen

Heft 40 - Axhausen, K. (1989)
Eine ereignisorientierte Simulation von Aktivitätenketten zur Parkstandswahl

Heft 39 - Maier, W. (1988)
Bemessungsverfahren für Befragungszählstellen mit Hilfe
eines Warteschlangenmodells

Heft 38 - Bleher, W.G. (1987)
Messung des Verkehrsablaufs aus einem fahrenden Fahrzeug –
Beurteilung der statistischen Genauigkeit mittels Simulation

Heft 37* - Möller, K. (1986)
Signalgruppenorientiertes Modell zur Optimierung von Festzeitprogrammen an Einzelknotenpunkten

Heft 36* (1987)
25 JAHRE INSTITUT FÜR VERKEHRSWESEN

Heft 35 - Gipps, P.G. (1986)
Simulation of Pedestrian Traffic in Buildings

Heft 34 - Young, W. (1985)
Modelling the Circulation of Parking Vehicles - A Feasibility Study

Heft 33 - Stucke, G. (1985)
Bestimmung der städtischen Fahrtenmatrix durch Verkehrszählungen

Heft 32 - Benz, Th. (1985)
Mikroskopische Simulation von Energieverbrauch und Abgasemission im Straßenverkehr (MISEVA)

Heft 31* - Baass, K. (1985)
Ermittlung eines optimalen Grünbandes auf Hauptverkehrsstraßen

Heft 30 - Bosserhoff, D. (1985)
Statistische Verfahren zur Ermittlung von Quelle-Ziel-Matrizen im Öffentlichen Personennahverkehr - Ein Vergleich

Heft 29 - Haas, M. (1985)
LAERM - Mikroskopisches Modell zur Berechnung des Straßenverkehrslärms

Heft 28 - May, A.D. (1984)
Traffic Management Research at the University of California

Heft 27* - Mott, P. (1984)
Signalsteuerungsverfahren zur Priorisierung des Öffentlichen Personennahverkehrs

Heft 26* - Hubschneider, H. (1983)
Mikroskopisches Simulationssystem für Individualverkehr und Öffentlichen Personennahverkehr

Heft 25* (1982)
20 JAHRE INSTITUT FÜR VERKEHRSWESEN - Ein Institut stellt sich vor

Heft 24* - Leutzbach, W. (1982)
Verkehr auf Binnenwasserstraßen

Heft 23* - Jahnke, C.-D. (1982)
Kolonnenverhalten von Fahrzeugen mit autarken Abstandswarnsystemen

Heft 22* - Adolph, U.-M. (1981)
Systemsimulation des Güterschwerverkehrs auf Straßen

Heft 21* - Allsop, R.E. (1980)
Festzeitsteuerung von Lichtsignalanlagen

Heft 20* - Sparmann, U. (1980)
ORIENT - Ein verhaltensorientiertes Simulationsmodell zur Verkehrsprognose

Heft 19* - Willmann, G. (1978)
Zustandsformen des Verkehrsablaufs auf Autobahnen

Heft 18* - Handschmann, W. (1978)
Sicherheit und Leistungsfähigkeit städtischer Straßenkreuzungen unter dem Aspekt
der Informationsverarbeitung des Kraftfahrzeugführers

Heft 17* - Zahn, E.M. (1978)
Berechnung gesamtkostenminimaler außerbetrieblicher Transportnetze

Heft 16* - Sahling, B.-M. (1977)
Verkehrsablauf in Netzen - ein graphentheoretisches Optimierungsverfahren

Heft 15 - Laubert, W. (1977)
Betriebsablauf und Leistungsfähigkeit von Kleinkabinenbahnstationen

Heft 14* - Bahm, G. (1977)
Kabinengröße und Betriebsablauf neuer Nahverkehrssysteme

Heft 13* - Haenicke, W. (1977)
Der Einfluß von Verflechtungen in einem bedarfsorientierten Nahverkehrssystem auf
die Reisegeschwindigkeit

Heft 12 - Koffler, Th. (1977)
Vorausschätzung des Verkehrsablaufs über den Weg

Heft 11 - Pape, P. (1976)
Weglängen-Reduzierung in Fluggast-Empfangsanlagen durch flexible
Vorfeldpositionierung

Heft 10 - Thomas, W. (1974)
Sensitivitätsanalyse eines Verkehrsplanungsmodells

Heft 9* - Köhler, U. (1974)
Stabilität von Fahrzeugkolonnen

Heft 8* - Wiedemann, R. (1974)
Simulation des Straßenverkehrsflusses

Heft 7* - Bey, I. (1972)

Simulationstechnische Analyse der Luftfrachtabfertigung

Heft 6* (1972)

10 JAHRE INSTITUT FÜR VERKEHRSWESEN

Heft 5 - Droste, M. (1971)

Stochastische Methoden der Erfassung und Beschreibung des ruhenden Verkehrs

Heft 4* - Böttger, R. (1970)

Die numerische Behandlung des Verkehrsablaufs an signalgesteuerten Straßenkreuzungen

Heft 3* - Koehler, R. (1968)

Verkehrsablauf auf Binnenwasserstraßen - Untersuchungen zur Leistungsfähigkeitsberechnung und Reisezeitverkürzung

Heft 2* - Stoffers, K.E. (1968)

Berechnung von optimalen Signalzeitenplänen

Heft 1* - Baron, P.S. (1967)

Weglängen als Kriterium zur Beurteilung von Fluggast-Empfangsanlagen

Sonderdruck 1/96 – Leutzbach, W.

Institutsgeschichte 1962 - 1991

Sonderdruck 2/96

ÖPNV in Mittelstädten – Dokumentation eines Fachgesprächs mit Planungshinweisen

Sonderdruck 3/03

80 Jahre Wilhelm Leutzbach – Vorträge zur Festveranstaltung am 14. November 2002.